Kvantemekanik

Atomernes vilde verden

Kvantemekanik
Atomernes vilde verden

Af Klaus Mølmer

univers

Kvantemekanik – Atomernes vilde verden

Univers 11

© Forfatteren og Aarhus Universitetsforlag 2010

Tilrettelægning: Jørgen Sparre

Omslag: Jørgen Sparre

Tegninger: Troels Marstrand

Forsideillustration: Troels Marstrand

Bogen er sat med Adobe Garamond og Stone Sans

og trykt på Arctic Volume hos Narayana Press, Gylling

Printed in Denmark 2011

1. udgave, 2. oplag 2011

ISSN 1904-4992

ISBN 978 87 7934 4525

Aarhus Universitetsforlag

Århus

Langelandsgade 177

8200 Århus N

København

Tuborgvej 164

2400 København NV

www.unipress.dk

Fax 89 42 53 80

INDHOLD

KAPITEL I

SPLITTEDE SKÆBNER OG KVANTECOMPUTERE

Den eneste fejl ved at vandre en tur
Er, at vejene altid forgrenes,
Og alle de skæbner, som ligger på lur,
Umuligt vil kunne forenes.

Så går man en tur, bør man splittes i to,
Så ofte Ens vejbane kløftes –
og senere mødes et sted, hvor i ro,
Ens splittede skæbner kan drøftes.

PIET HEIN

I kvantemekanikkens mikroskopiske verden er Piet Heins vision i det citerede Gruk ikke bare en underfundig tanke. Kvanteteoriens mest markante brud med den klassiske fysik er, at den tillægger partikler muligheden for at være flere steder på samme tid. Man ser således i fysik- og kemieksperimenter, at elektroner og atomer "har følerne ude" på en måde, som ikke kan forklares, hvis de er begrænsede til at bevæge sig ad enkelte veje som i den klassiske fysik. Piet Heins "drøftelser" finder ikke sted i atomernes verden, men vi kan i eksperimenter og mere indirekte i stoffers makroskopiske opførsel se konsekvenserne af de atomare partiklers "splittede skæbner".

Selvom mikroskopiske partikler opfører sig meget specielt, skal man ikke forvente, at vi kan lure dem kunsten af og selv begynde at være flere steder på samme tid, men forskning i de seneste år har forsøgt at udnytte den mikroskopiske verdens "splittede skæbner" i revolutionerende nye design for computere, hvor man koder tal i mikroskopiske partiklers bevægelse. Når en og samme partikel kan være flere steder på samme tid, får det computeren til at regne på flere tal på samme tid, og det sker vel at mærke under udnyttelse af resurser, som normalt kun ville have kunnet håndtere et enkelt tal ad gangen. Perspektiverne for en sådan kvantecomputer er så lovende, at der arbejdes intenst og investeres store beløb i udviklingen af teknikker, der skal gøre det muligt for os at indlæse tal i enkelte atomer og manipulere atomerne, så de fysiske data omdannes fra input til output – fra en opgaves formulering til dens besvarelse.

Det var et stort skridt på vejen i denne forskning, da regnestykket 15 = 3·5 blev løst ved Massachusetts Institute of Technology (MIT) i USA i 2002. Det var naturligvis ikke regnestykkets resultat, der var epokegørende, men måden, hvorved det var opnået: Når man får udleveret et tal som 15 og bliver bedt om at skrive det som et produkt af to tal, er det naturligt at prøve sig frem: Man undersøger for eksempel, om 2 går op i 15, og derefter om 3 går op i 15, og her viser opgaven sig allerede at være løst. Havde vi i stedet ledt efter to tal, der ganget sammen giver 1961, skulle man være meget heldig for allerede i første eller andet forsøg at finde ud af, at 37 går op i 1961. Forskningsgruppen ved MIT fandt, at 15 = 3·5, ved at kode forskellige samtidige talværdier i atomkernerne i en kemisk forbindelse og udnytte kvantefysikkens "splittede skæbner" til at tjekke alle kandidater på samme tid. For et tal med nogle hundrede cifre ville antallet af mulige faktorer være ufatteligt meget større, og alverdens supercomputere ville ikke kunne klare opgaven og finde den rette løsning, om de så fik en milliard år til opgaven. En kvantecomputer med samme regnehastighed som en enkelt moderne pc ville, hvis den fandtes, kunne bruge den samme teknik, MIT-gruppen benyttede sig af, og finde en løsning på få minutter. Der er en helt speciel grund til, at det at finde tal, der går op i store tal, har kunnet stimulere interessen for og trække massive investeringer til forskningen i kvantecomputing, og den har at gøre med national sikkerhed, økonomisk kriminalitet og lyssky emner, som kan fylde en hel stribe spændingsromaner.

Herodot fortæller om Histiaeus, der i det 6. århundrede før vor tidsregning skulle sende sin søn en fortrolig besked og tatoverede den i hovedbunden på en kronraget slave. Efter at håret var groet ud og skjulte beskeden for selv en omhyggelig kropsvisitation, sendte han slaven af sted. I vores moderne tidsalder med telefon og internet er det ikke en hensigtsmæssig måde at sende hemmelige beskeder på, og der er da også udviklet matematiske metoder, så selv folk, der ikke har aftalt en kode i forvejen, kan kommunikere sikkert. En populær metode til at etablere en kode mellem to personer, der ikke i forvejen har været i kontakt med hinanden, hedder PGP-kryptering og er baseret på, at den, der skal modtage den hemmelige besked, offentliggør et langt kodeord (for eksempel på sin hjemmeside) baseret på produktet af to store tal. En person, der vil sende en hemmelig besked, kan nu tilsløre sin besked ved at "blande" dens indhold med det lange kodeord efter en matematisk forskrift, så den oprindelige besked kun kan uddrages igen ved hjælp af en tilhørende forskrift, der kræver kendskab til faktorerne i det store tal. Den legitime modtager har netop selv ganget disse faktorer sammen for at lave det offentligt tilgængelige kodeord og er derfor i stand til at afkode beskeden. Det samme er hvem som helst, der kan finde faktorerne i det store tal, men det er som sagt meget svært – medmindre man har en kvantecomputer. Blandt andet derfor er der stor bevågenhed om dette forskningsemne!

Der er både "gode" og "onde" grunde til at holde på egne hemmeligheder og til at prøve på at afsløre andres hemmeligheder. Hemmelighedskræmmeri er et naturligt forretningsområde for banker, virksomheder og stater, der ikke ønsker at dele deres planer og strategier med konkurrenter eller fjender. Samtidig har politi og efterretningstjenester, for at beskytte borgerne og samfundet bedst muligt, en interesse i at aflytte kommunikation og afsløre hemmeligheder hos mistænkelige personer og lyssky organisationer, der måske planlægger kriminelle handlinger. I Danmark er det tilladt private at benytte kryptering, mens det for eksempel i Frankrig kun er tilladt at benytte særligt godkendte kodningssystemer, som myndighederne kan bryde.

Forfatteren til denne bog var i 2004 til en konference i Arizona i USA, sponsoreret af det amerikanske National Security Agency (NSA)[1], og ved et sammentræf faldt konferencen sammen med

---

1 En vittig hund foreslog, at forkortelsen for den mindre kendte efterretningstjeneste NSA betyder "No Such Agency", men efter attentatet mod World Trade Center i New York 11. september 2001 er NSA blevet en af de mere synlige tjenester med vidtrækkende beføjelser til at aflytte både amerikanske og udenlandske statsborgere – beføjelser som også europæiske lande har givet deres politi og efterretningstjenester.

søsætningen af USA's nyeste atomdrevne ubåd, USS Jimmy Car-
ter. En avis opregnede ubådens slagstyrke, men tophistorien var,
at ubåden kan aflytte telefonsamtaler og internettrafik, som sen-
des gennem undersøiske optiske fibre. Det skulle den kunne gøre
ved at frigøre et undervandsmodul, som kan grave kablerne fri af
havbunden og trænge igennem beskyttelseskappen og ind til den
optiske fiber uden at beskadige den. Herefter kan den stjæle en del
af det optiske signal. Hvis den opsnappede besked er krypteret, er
der imidlertid behov for en enorm regnekraft for at knække koden,
og netop derfor har NSA været interesseret i udviklingen af den
kvantemekaniske computer. Og fordi vi ikke kan leve med, at den
amerikanske efterretningstjeneste alene har mulighed for at aflytte
hele verdens kommunikation, og at et enkelt lands industri får et
kæmpe forspring inden for en meget lovende teknologi, er forskere
i Danmark og i det øvrige Europa godt med i konkurrencen om at
få de bedste ideer.

Den gamle fysiks sammenbrud

Den teoretiske fysik beskæftiger sig ikke kun med bestemte fysiske
systemer eller bestemte processer, men forsøger i et samspil mellem
observationer, eksperimenter, teoretiske og matematiske regninger at
etablere en fælles konsistent forståelsesramme for alle de fænomener,
vi kan iagttage i vores fysiske virkelighed. Indtil slutningen af det 19.
århundrede var den klassiske mekanik hjørnestenen i denne forstå-
elsesramme. For godt et århundrede siden blev det imidlertid klart,
at der var fænomener, som ikke kunne forklares tilfredsstillende med
den kendte fysik. Den klassiske mekanik blev ikke forkastet med
et slag, men en række nødvendige små ændringer greb om sig, og
i løbet af få år blev det klart, at den klassiske mekanik ikke blot er
ufuldstændig, men at den ligefrem er ugyldig ved beskrivelsen af
mikroskopiske systemer og fænomener, der involverer bevægelse
ved meget høje hastigheder. De teorier, der i stedet måtte tages i
brug, er kvantemekanikken og relativitetsteorien.

Kvantemekanikken og relativitetsteorien opstod i begyndelsen
af 1900-tallet, og begge teorier er gennem hele det 20. århundrede
blevet anvendt med stor succes på mange områder af fysikken.
Kvantemekanikken og relativitetsteorien er ligesom den klassiske
mekanik komplette teoretiske forståelsesrammer, i den forstand at

de ikke er begrænsede til at beskrive en bestemt type problemer eller processer, men at de giver grundlaget for forståelsen af alle fysiske processer. De er også teorier, der giver yderst mærkværdige beskrivelser af, hvordan verden fungerer.

Relativitetsteoriens paradoksale og meget mærkværdige konsekvenser gør, at den har været udsat for alle former for kritik, lige fra at være forskeres elitære tågesnak til ligefrem at være skabt ved en løgnagtig sammensværgelse. Kvantemekanikken er endnu mærkeligere, men måske fordi den er endnu mere abstrakt og matematisk svært tilgængelig, har den ikke nydt "fornøjelsen" af samme offentlige bevågenhed og skepsis. I modsætning til relativitetsteorien, som er bredt accepteret af alle verdens fysikere, er kvantemekanikken til gengæld karakteriseret ved at have skabt meget større og mere fundamentale uoverensstemmelser i fysikerkredse, og der findes ligefrem "skoler" for forskellige opfattelser af, hvad teorien egentlig går ud på.

Tilblivelsen af kvantemekanikken gik hånd i hånd med eksperimentelle opdagelser af naturens mindste byggestene. Jeg har bestræbt mig på at gøre fremstillingen i de følgende kapitler historisk korrekt, i den forstand at jeg præsenterer den tidlige udvikling af kvanteteorien på basis af den aktuelt kendte teoretiske forståelse og eksperimentelle viden og ikke i lyset af det, vi ved i dag. Det gør jeg, fordi der gemmer sig en god portion fysisk indsigt i at følge, hvordan teorier opstår og går under i et samspil mellem eksperimentelle fakta og håbefulde spekulationer, og fordi teorien, som vi benytter den i dag, indeholder så mærkværdige elementer, at jeg ikke vil lade læseren tro, at den bare blev fremsat af gale videnskabsmænd i elfenbenstårne og uden jordforbindelse. Kvantemekanikken fremkom i bidder over et par årtier, hvor man vedholdende tilstræbte at fastholde kontakten til den etablerede fysik, og både dens mest dristige fornyere og dens mest arge modstandere ydede enestående bidrag til skabelsen af den robuste teori, som har holdt skansen siden.

Kvantemekanikken, de splittede fysikere og den samlede fysik

På "familiebilledet" ses deltagerne ved Solvay-konferencen i fysik i Bruxelles i 1927. Hvis der kan spores en tilfredshed i mange af deltagernes ansigter, er det forståeligt, for i løbet af de foregående årtier var det lykkedes denne eksklusive kreds af forskere at skabe

ILLUSTRATION 1. DELTAGERNE I SOLVAY-KONFERENCEN I 1927

Øverst fra venstre: A. Piccard, E. Henriot, **P. Ehrenfest,** *Ed. Herzen, Th. de Donder,* **E. Schrödinger,** *J.-E. Verschaffelt,* **W. Pauli, W. Heisenberg,** *R.H. Fowler, L. Brillouin.*
Midterst fra venstre: P. Debye, M. Knudsen, W.L. Bragg, **H.A. Kramers, P.A.M. Dirac,** *A.H. Compton,* **L.V. de Broglie, M. Born, N. Bohr.**
Nederst fra venstre: I. Langmuir, **M. Planck, M. Curie,** *H.A. Lorentz,* **A. Einstein,** *P. Langevin, Ch. E. Guye, C.T.R. Wilson, O.W. Richardson.*

en gennemgribende revolution af hele fysikkens verdensbillede. Hvis der også kan anes en smule anspændelse på billedet, har det imidlertid også en god forklaring. 1927 var nemlig året, hvor de ledende aktører, Niels Bohr og Albert Einstein, for første gang tørnede sammen i deres berømte uoverensstemmelser om, hvad den nye beskrivelse af fysikken egentlig gik ud på.

Einstein brød sig ikke om, at man ifølge den nye teori ikke kunne forudsige resultatet af enkelte målinger, og han håbede inderligt, at det ville blive korrigeret i en kommende, forbedret udgave af teorien. Bohr var derimod overmådeligt tilfreds med de af teoriens sider, der umiddelbart forekom mest besynderlige, og han drog allerede i 1920'erne den stik modsatte konklusion af Einstein, nemlig at det var vores opfattelse af virkeligheden snarere end den nye kvanteteori, der skulle modereres!

Kvantemekanikken er en mageløs teori, og dens evne til præcist at redegøre for alle mulige fysiske og kemiske fænomener står i et enestående forhold til dens meget bemærkelsesværdige beskrivelse af verden. I dag ved vi, at der ikke kom en ny og "forbedret"teori, som Einstein gerne havde set det, og selvom man stadig diskuterer, hvad kvanteteorien egentlig betyder, og hvordan vi skal forstå og fortolke den, er vi efter et helt århundrede med eksperimenter og teoretiske undersøgelser i dag helt sikre på, at teorien har ret i, at man på det kvantemekaniske niveau ikke kan forudsige måleresultater, og at man ikke kan betragte en partikels position i rummet som veldefineret på samme måde, som vi i den klassiske mekanik har lært at betragte fysiske legemer.

Fysikere og kemikere har i snart et århundrede gjort brug af kvanteteorien. Selvom de nok er væsentlige elementer i teorien, er spørgsmål om partikler, der er flere steder på samme tid, og måleresultater, der ikke kan forudsiges teoretisk, ikke altid af afgørende betydning for fysikken. Vi vil i denne bog se, hvordan kvantemekanikken først førte til forståelsen af atomernes verden og derefter med succes blev benyttet ved udforskningen af større systemer (molekyler, faste stoffer og dagligdagens materialer) og ved udforskningen af atomets indre (kerner, elementarpartikler). Ved således at gennemgå teoriens "hjemmebane-succeser" i fysikkens og kemiens verden håber jeg at kunne give en afrundet beskrivelse af, hvad kvantemekanikken er til for, og hvad den gør godt for. Vi vil naturligvis berøre de filosofiske diskussioner udførligt, men deres betydning aftager ikke ved at blive set i lyset af de mere tekniske aspekter af kvantemekanikken og den massive eksperimentelle erfaring, som jeg vil omtale undervejs i præsentationen.

Vi indledte med en beskrivelse af den meget aktuelle forskning i kvantecomputing. Samtidig med at kvantecomputeren gør brug af og er helt i overensstemmelse med kvanteteoriens kvantitative grundlag, er mange af de ideer, der har ført til fremskridt i kvantecomputerforskning, direkte udsprunget af de mere filosofiske diskussioner mellem Bohr og Einstein. Bogens kapitel 5 vil gå i dybden med de diskussioner, og sidste kapitel vil handle om kvantecomputeren og andre kvanteteknologier, som stiller spørgsmålet: "Hvis vi accepterer, at verden opfører sig så sært, som kvanteteorien fortæller os, hvad kan vi så bruge det til?". Denne forskning i kvanteteknologi er endnu kun i sin vorden og ligner i mange henseender mere science fiction end naturvidenskab.

Tal og matematik

Før vi går i gang, vil vi kort se på matematikkens rolle i denne bog:

Store og små tal: Universet er næsten ufatteligt stort og næsten ufatteligt gammelt. Atomer og elementarpartikler er næsten ufatteligt små, og deres indbyrdes processer foregår næsten ufatteligt hurtigt.

Afstanden fra Jorden til Solen er 150 millioner km, som vi også kan skrive som $1.5 \cdot 10^{11}$ m, mens elektronen i brintatomet befinder sig cirka $5 \cdot 10^{-11}$ m fra kernen. Det er pudsigt at se fra disse tal, hvordan vores menneskelige skala ligger næsten midt imellem de astronomiske og de atomare størrelser.

Det er vigtigt at understrege, at de mest forbløffende aspekter ved kvantemekanikken og ved relativitetsteorien ikke er størrelsen af de ekstremt store og små tal, men det nye verdensbillede og den nye virkelighedsopfattelse, de giver anledning til. De ekstreme talværdier har naturligvis konsekvenser for, hvilke eksperimentelle metoder man må benytte til at studere de givne fænomener og objekter,

ILLUSTRATION 2. STØRRELSESORDENER I VERDEN

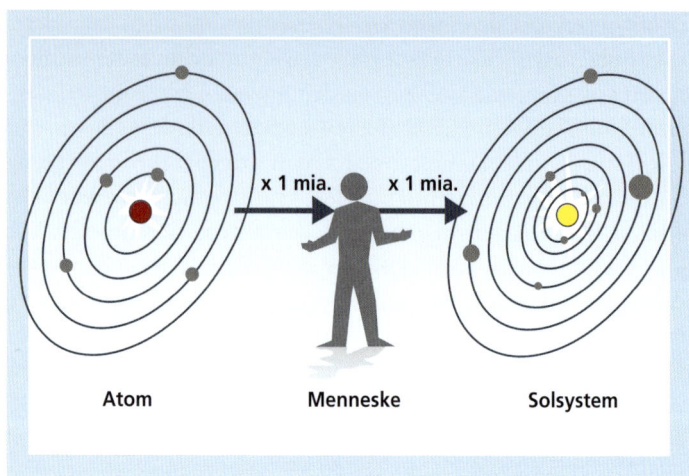

Atom   Menneske   Solsystem

og de har konsekvenser for, hvor markant teoriernes konsekvenser træder frem i forskellige sammenhænge, men ellers må vi tage til efterretning, at de store og små tal er helt "naturlige".

Matematiske formler: Foruden at skrive store og små tal vil vi også skrive enkelte af de matematiske formler, som er helt centrale for teorien. Den formelle matematiske beskrivelse er et helt naturligt værktøj i teoretisk naturvidenskab, men den er også et uomgængeligt problem for populærvidenskabelig formidling af naturvidenskab. For den matematikkyndige er matematikkens sprog den letteste måde at skrive noget svært på, mens det for den, der ikke behersker dette særlige sprog, snarere er en meget svær måde at skrive noget på, endda også når det er let.

Jeg vil kun vise ganske få, helt centrale formler i denne bog, og på samme måde som man ved abstrakt kunst ikke altid kan se, "hvad det forestiller", må læseren gerne betragte formlerne som en abstrakt del af underholdningen, og jeg sætter derfor "billedrammer" omkring dem.

Ved udarbejdelsen af denne bog har jeg valgt ikke at benytte matematiske udledninger eller argumenter, men jeg vil alligevel vise enkelte formler og forsøge at beskrive deres indhold. Det gør jeg for at illustrere, hvor simpelt og kompakt fysikere, trods alt, kan nedskrive meget generelle fysiske sammenhænge, og for at kunne "pege" på formlerne og vise, hvordan teorien har ændret sig siden udgangspunktet i den klassiske mekanik.

Formler vil som nævnt blive sat i ramme. Så kan læseren se dem på god afstand og styre uden om dem. "Faktabokse", som også trygt kan springes over, vil give forklaringer til de dele af matematikken, der går ud over de almindelige regningsarter plus og gange.

Det kræver en universitetsuddannelse eller et meget intenst selvstudium at opnå fortrolighed med begreberne, så man selv kan udføre kvantemekaniske udregninger, og den matematik, der vil blive præsenteret i denne bog i billedrammer og faktabokse, vil netop kun blive vist frem – som illustration af, at "så er det heller ikke værre".

KAPITEL 2

DEN KLASSISKE FYSIK

Den vigtigste formel i fysikken er Newtons 2. lov, "kraft er lig med masse gange acceleration". Med "bogstavregning" kan Newtons lov skrives:

$$F = m \cdot a$$

Bogstavet F betegner en kraft, m betegner massen af et legeme udsat for denne kraft, og a betegner legemets acceleration. Det faktum, at de tre fysiske størrelser står i forhold til hinanden ved den angivne formel, er en hjørnesten i den klassiske mekanik fremstillet af Isaac Newton i 1687 i hovedværket *Philosophiæ Naturalis Principia Mathematica*.

Selvom vi opskriver Newtons 2. lov som en matematisk formel, er det faktum, at kraft er lig med masse ganget med acceleration, ikke et resultat af en matematisk analyse, men en dyb fysisk sammenhæng, som ingen havde indset før Isaac Newton. Man havde i århundreder studeret forskellige former for bevægelse og var naturligvis fuldt fortrolig med, at man skal bruge kræfter, når man sætter i løb eller kaster en sten. Men at man kan gøre kræfterne op som fysiske størrelser, der kan beskrives ved tal, og at disse skal relateres til et legemes acceleration og ikke for eksempel til dets hastighed, var ikke faldet datidens naturforskere ind.

Det er motorkraften i Ferrari-raceren, der via dækkenes friktion mod vejbanen får den til at accelerere fra 0 til 100 km/t på ganske få sekunder, helt i overensstemmelse med Newtons 2. lov, men ud over at Newton nok ikke i 1687 kunne have forestillet sig en Formel 1-racer i fart, er den et dårligt eksempel at lære grundlæggende fysik ud fra. Bilens bevægelse er jo meget kompliceret og påvirkes af mange forskellige faktorer, inklusive førerens koldblodighed, som ikke lader sig sætte på en simpel formel. Det samme gælder på den ene eller anden måde rigtig mange bevægelsesfænomener på Jorden, og Newtons vej til hans fantastiske ligning fulgte da også en gigantisk "omvej" over iagttagelsen og forståelsen af planeternes baner om Solen, som var den mest regelmæssige fysiske bevægelse, man kendte til på det tidspunkt.

Arkæologiske fund peger på, at mange civilisationer med stor møje må have foretaget præcise målinger af Solen, Månen og planeternes vandring over himlen, og at de havde afluret deres regelmæssighed og derfor kunne forudse fremtidige positioner af himmellegemerne. En række simple matematiske egenskaber ved planetbevægelserne blev formuleret af den tyske matematiker Johannes Kepler på basis af danskeren Tycho Brahes målinger, og de fik Isaac Newton til at indse, at deres regelmæssighed måtte kunne "forklares" og altså ikke bare konstateres.

Newton indså, at man kan forklare accelerationen af planeterne i deres ellipsebaner om Solen, hvis man benytter F = m·a, hvor kraften F er en langtrækkende tyngdekraft mellem Solen og hver enkelt planet, hvis styrke aftager med kvadratet på afstanden til planeten og er proportional med produktet af Solens og planetens masser. Newton forstod også, at det er præcis den samme kraft, der får det berømte æble til at falde til jorden, når det falder af træet. Foruden at være et af de mest spektakulære fænomener i naturen havde planetsystemet altså en afgørende rolle i udviklingen af bevægelsesloven, som viste sig at give en god beskrivelse af al bevægelse, og som udgør hjørnestenen i den klassiske mekanik.

Newtons 2. lov giver fysikerne mulighed for at forklare, hvorfor bevægelse foregår, som den gør, og den tillader os at forudsige fremtidig bevægelse: Kender man de kræfter, der påvirker et legeme, kan man beregne legemets acceleration ved at dividere kraften med legemets masse, a = F/m, og kender man legemets nuværende hastighed og dets acceleration fra Newtons 2. lov, kan man i små skridt regne sig frem til, hvor hurtigt og hvorhen legemet bevæger sig lige om lidt, og kort derefter, og kort derefter …

Kinetisk og potentiel energi

Lad os tage en tur i rutsjebanen i Tivoli: På toppen af rutsjebanen tager vi en dyb indånding, og så går det nedad, hurtigere og hurtigere, indtil vi når bunden og fortsætter op ad bakke på den anden side til næsten den samme højde, som vi kom fra. I stedet for at beskrive vognens bevægelse ud fra Newtons 2. lov og omhyggeligt bestemme, hvordan tyngdekraften forårsager en acceleration nedad og en deceleration opad, er det en god idé at betragte det arbejde, der blev udført for at trække vognen op på toppen. Det arbejde er lagret i såkaldt potentiel energi, som kan frigives og omsættes til bevægelse i den såkaldte kinetiske energi. Den kinetiske energi af et legeme med massen m og hastigheden v har værdien ½mv². Den potentielle energi betegnes med det store bogstav V, og fordi vi kun skulle overkomme tyngdekraften, da vi trak vognen op, er den potentielle energi en funktion af, hvor højt vognen er løftet. Følger vi nu vognens tur gennem rutsjebanen, og ser vi bort fra luft- og gnidningsmodstand, gælder det, at summen af den kinetiske og potentielle energi er bevaret:

$$E = \tfrac{1}{2}mv^2 + V$$

Det vil sige, den har den samme værdi til alle tider. Energiens bevarelse giver en behændig genvej frem for Newtons 2. lov til at bestemme, hvordan et legeme bevæger sig, fordi den kinetiske energi og dermed farten af legemet er givet ved ændringen i potentiel energi mellem toppen og det givne sted på rutsjebanen, og fordi ændringen i potentiel energi viser sig at være en simpel funktion af højdeforskellen over jorden og derfor let kan beregnes.

Der findes andre energiformer end kinetisk og potentiel energi, for eksempel varme, og der vil på grund af gnidningsmodstand ske en overførsel af noget af energien til varme i hjulene og skinnerne under rutsjebaneturen, så der skal lidt ekstra motorkraft til at få vognen op på toppen igen, ligesom der også skal bruges motorkraft til at holde en bil i konstant fart på en lige landevej – i tilsyneladende modstrid med Newtons 2. lov. Modstriden er kun tilsyneladende, da motorkraften jo netop skal kompensere for gnidningskræfterne, og kun når det er opfyldt, så den totale kraft er nul, vil bilen bevæge sig med konstant fart. Fordi planeterne i det næsten tomme rum ikke er udsat for ret stor modstand, bliver deres bevægelse så regelmæssig, at Newton kunne aflure den.

Efter Isaac Newton opdagede fysikere gennem iagttagelser af naturen og ved laboratorieeksperimenter mange fænomener, som

‒ᴄ var naturligt at forsøge at sætte på simple, og undertiden knap
så simple, formler.

Den svingende streng, bølgeligningen

Fordi teorien for svingninger og bølger bliver helt central i vo-
res beskrivelse af kvantemekanikken, er det værd at beskæftige sig
med den klassiske teori for bølger. Adskillige kendte fysikere har
beskæftiget sig med bølgefænomener, for eksempel med violinens
fysik: Når Newtons 2. lov anvendes på hver eneste lille stump af
en streng, der påvirkes af violinbuen og holdes stram ved et elastisk
træk i begge ender, kan den matematiske teori så nogenlunde rede-
gøre for, hvordan hele violinen, svinger, og hvordan den lyder (se
faktaboksen med den matematiske teori). En fyldestgørende teori
kræver dog også, at man regner på hvert enkelt lille areal af violinens
trækasse, der er i forbindelse med resten af kassen og strengene, og
på hvert enkelt lille volumen af luft inde i violinkassen – og selv
efter en sådan indsats vil de fleste professionelle musikere næppe
være imponerede, da der stadig er lang vej til at forklare, hvordan
og hvorfor vi hører og gribes af instrumentets lyde som musik.

Illustration 3 viser en elastisk streng fastgjort i begge ender. Knip-
ser man strengen i den ene ende, vil man sætte strengen i bevægelse,
og man kan faktisk mærke, hvordan "knipset" rejser frem og tilbage
langs strengen. Foruden udbredelsen af meget komplicerede bevæ-
gelser kan strengen også opføre sig meget regulært og for eksempel
svinge harmonisk som vist på illustration C), og en dobbelt så hurtig
svingning med to bølger er vist på illustration D).

For at kunne benytte Newtons 2. lov til en beregning af en
strengs bevægelse er det nødvendigt at indse, at forskellige dele af
strengen bevæger sig forskelligt. Vi zoomer derfor ind på et stykke
af en tilfældigt anslået streng i illustration E) og spørger os selv,
hvordan netop det stykke af strengen vil opføre sig.

Newtons 2. lov gælder helt generelt, og spørgsmålet er, hvilke
kræfter der virker på det skraverede stykke. En elastisk streng kan
ikke skubbe, men kun trække i et objekt og kun i strengens retning,
og jeg har på hver side af det lille stykke indtegnet pile, der angiver
kræfterne og deres retninger på grund af trækket fra resten af sno-
ren. De to vandrette komponenter i hver sin retning langs strengen
ophæver hinanden, mens der vil være en netto lodret komponent af

ILLUSTRATION 3. EN SVINGENDE STRENG

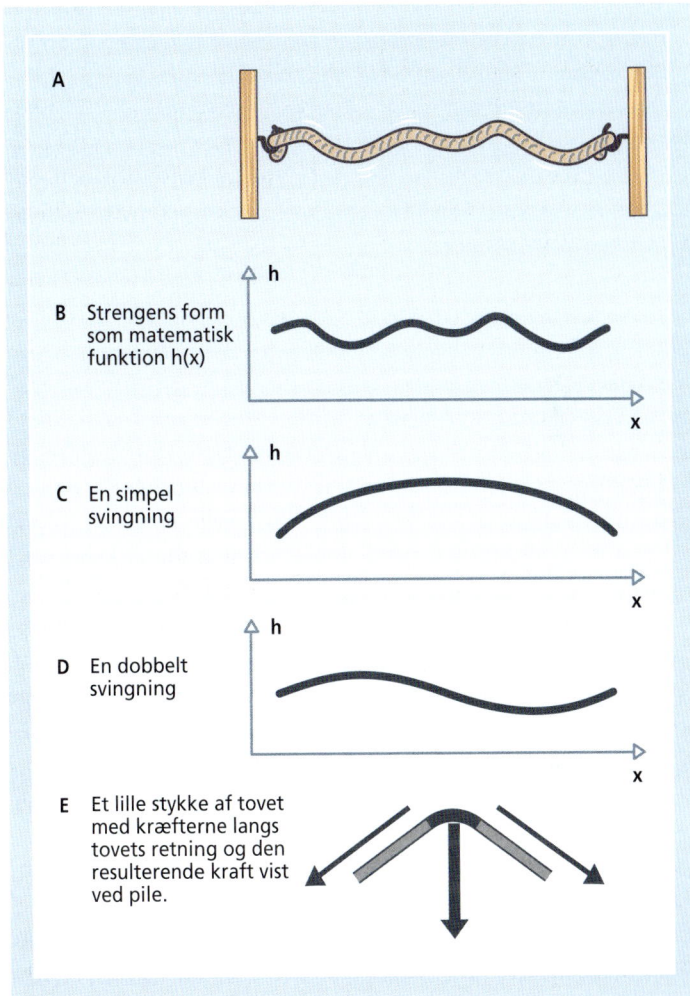

A

B   Strengens form
    som matematisk
    funktion h(x)

C   En simpel
    svingning

D   En dobbelt
    svingning

E   Et lille stykke af tovet
    med kræfterne langs
    tovets retning og den
    resulterende kraft vist
    ved pile.

kraften, der trækker nedad på tegningen. Ifølge både vores intuition og Newtons 2. lov er det derfor den vej, snoren vil accelereres. I faktaboksen beskrives matematikken for den svingende streng.

Hvis man i stedet for svingningen af et tov ser på svingninger af luft, hvor lufttrykket varierer som funktion af tid og sted i et rør, kan man benytte en bølgeligning, der til forveksling ligner

Newtons 2. lov for den svingende streng: bølgens ligning

For at sætte tal på en svingende strengs bevægelse er vi nødt til at indføre den matematiske størrelse t, der betegner tiden, og x, der betegner den vandrette strækning langs med strengen. Vi beskriver nu strengens udsving med h(x,t), som til enhver tid og til enhver position langs strengen angiver strengens udsving, målt for eksempel i millimeter. Det lille skraverede stykke streng svarer til en bestemt x-værdi, og kender vi tidsafhængigheden af h(x,t) ved netop denne værdi, ved vi, hvordan dette stykke flytter sig.

Vi bemærker, at hvis kraften er lige stærk og præcis modsat rettet på de to ender af det skraverede stykke, bliver nettokraften nul, og der er ingen acceleration. For at få en kraft er det nødvendigt, at strengens hældning i forhold til vandret varierer hen over det skraverede område: Strengen skal have en krumning.

Nu kommer det måske matematisk vanskeligste sted i denne bog. Vanskeligt, fordi jeg ikke blot vil skrive en ligning op, men fordi jeg vil forsøge at forklare, hvorfor den gælder. Vi skal senere se sværere ligninger, men uden at forklare, hvorfor de gælder, så det bliver meget lettere!

Strengens lokale udsving betegnes med bogstavet h. Lad os indføre strengens hældning eller stejlhed, $s = \partial h/\partial x$. ∂ er en "blød" udgave af bogstavet d og bruges til at angive en ændring, differens, i det efterfølgende udtryk. Brøken giver altså "differensen i h" divideret med "differensen i x", dvs. variationen af h per strækning. Går vi et skridt videre og ser på ændringen af stejlheden, for eksempel fra at gå opad til at gå nedad, som strengen i illustration E), bestemmes den på samme vis som den matematiske forskel mellem stejlhedens værdier, s, i de to ender af det skraverede stykke, og divideres med stykkets længde finder vi $\partial s/\partial x$, "ændringen i stejlhed per strækning". Dette skrives også matematisk som $\partial^2 h(x,t)/\partial x^2$, "ændringen i (ændringen af h per strækning) per strækning", hvor man for at spare plads har sat ∂ "i anden", ligesom hvis det var et tal, man havde ganget med sig selv. Vi argumenterede oven over faktaboksen for, at kraften er proportional med dette udtryk.

På højre side af Newtons 2. lov står accelerationen. Acceleration betyder ændring af hastighed per tid, $\partial v/\partial t$, hvor hastigheden v er strengstykkets lodrette bevægelse per tid, som derfor selv kan skrives som $v = \partial h/\partial t$. Accelerationen kan derfor skrives $\partial^2 h(x,t)/\partial t^2$.

Newtons 2. lov siger derfor, at der gælder proportionalitet imellem de to udtryk:

$$\partial^2 h(x,t)/\partial t^2 = K\, \partial^2 h(x,t)/\partial x^2$$

Denne ligning kaldes bølgeligningen, og dens løsninger beskriver alle former for bevægelse af den svingende streng. Konstanten K viser sig netop at være kvadratet på den hastighed, som en forstyrrelse vil udbrede sig med langs med den strakte streng. I praksis afhænger denne hastighed af strengens masse per længde (massen optræder jo direkte i Newtons 2. lov) og strengens stramhed, som afgør, hvor stor en kraft der skal til for at få strengen til at svinge. Hvis strengen strammes op, så K øges, bliver variationen per tid hurtigere, og de regulære svingningsmønstre i illustration C) og D) får højere frekvens, og det er netop sådan, en violinist stemmer sit instrument.

den i faktaboksen. Her bliver konstanten K lig med kvadratet på lydens hastighed i luft, og de pæne bølgeløsninger, der svarer til illustrationerne C) og D), er grundtonen og den første overtone, for eksempel for lyden i en orgelpibe. Man kan "stramme luften op" ved at erstatte almindelig atmosfærisk luft med en let gas af helium, hvor lyden har højere hastighed, og så bliver frekvenserne højere – som man kan høre i naturprogrammer om havet, når dykkere, der indånder helium, taler som Anders And. For at variere svingningsfrekvensen i musikinstrumenter er det dog mere praktisk at ændre den rumlige svingning, for eksempel ved at gøre instrumentet kortere, så mønstrene i illustration C) og D) bliver stejlere, og bølgeligningen derfor forudsiger højere frekvenser. De dybe toner i et orgel fremkommer, fordi luften dirigeres ud i de lange orgelpiber, mens de høje toner kommer fra de korte. En panfløjte virker på samme måde, mens trækbasunen er bygget til, at musikeren kan ændre rørets længde og dermed styre tonen, og klarinetten og trompeten har klapper og ventiler, der kan åbnes og lukkes, så musikeren kan vælge mellem forskellige bølgemønstre.

Elektriske og magnetiske kræfter – elektrodynamikken

Foruden tyngdekraften, som får alle massive objekter til at tiltrække hinanden med en given styrke, kender vi i den klassiske fysik også til elektriske og magnetiske kræfter. Elektriske kræfter opleves ved statisk elektricitet, som for eksempel får håret til at stritte og støv og tøj til at "klæbe" til kunststoffer og til rav. Ordet elektrisk kommer fra det græsk ord for rav, ηλεκτρον, elektron. Magnetiske kræfter kender vi fra magneter med mange tekniske anvendelser og som bidrag til "forskønnelsen" af køleskabe i alle hjem med børn. Ordet magnetisk kommer sjovt nok fra den tyrkiske by Magnesia, som i dag hedder Manisa, og hvor man i årtusinder har kendt til forekomster af magnetisk jernmalm.

I 1784 viste den franske fysiker Charles-Augustin de Coulomb gennem eksperimenter, at der imellem to legemer med elektrisk ladning hersker en kraft, som ligesom tyngdekraften aftager med kvadratet på deres indbyrdes afstand, og som er proportional med produktet af de to ladninger. Elektrisk ladning kan være positiv og negativ, og kraften er tiltrækkende for ladninger med modsat fortegn (hvilket ofte får modsatte ladninger til at opsøge hinanden og neutralisere hinanden). Foruden kræfter mellem magneter og mellem en enkelt magnet og et magnetiserbart materiale som jern er der også kræfter mellem magneter og elektriske ladninger i bevægelse. Således viste danskeren Hans Christian Ørsted i 1819, at en strømførende ledning giver anledning til et magnetfelt og derfor kan påvirke en magnetisk kompasnål. Det var i 1800-tallet et større detektivarbejde at finde de elektriske og magnetiske kræfters præcise form, da de magnetiske kræfter ikke kun afhænger af objekternes indbyrdes afstande, men også af deres hastigheder, og fordi elektriske ladninger i bevægelse selv giver anledning til magnetfelter.

I 1865 samlede James Clerk Maxwell erfaringerne fra Coulombs, Ørsteds og andres undersøgelser i en samlet teori: elektrodynamikken. Når man indsætter de elektriske og magnetiske kræfter i Newtons 2. lov, kan man forklare og forudsige ladningernes bevægelse.

Elektrodynamikken forklarer, hvordan ladninger og strømme giver anledning til elektriske og magnetiske felter, og den forklarer, hvordan elektriske og magnetiske felter kan udbrede sig gennem rummet. Felternes udbredelse fremkommer ved løsning af ligninger, der minder om dem, der beskriver den svingende streng, som vi diskuterede ovenfor. Det er bare ikke en streng, der svinger, men derimod styrken af de elektriske og magnetiske felter, der varierer på harmonisk vis.

Felterne kan variere på mange forskellige tidsskalaer i det, vi kalder det elektromagnetiske spektrum, og den samme grundlæggende fysik spænder herved over en række meget forskellige fænomener. Mikrobølgeovnen benytter elektromagnetisk stråling, der svinger ved 2,45 GHz, dvs. 2,45 milliarder Hertz eller 2,45 milliarder svingninger per sekund, mens radiosignaler er elektromagnetisk stråling ved cirka 100 MHz. Det er derfor omtrent det tal, der står på FM-radioens kanalvælger, og det faktum, at vi kan modtage radiosignaler næsten overalt, er en illustration af, hvordan hele rummet på samme tid gennemstrømmes af elektromagnetiske bølger ved mange frekvenser. Ved endnu højere frekvenser kommer den såkaldte infrarøde stråling, og i et vindue mellem 10^{14} og 10^{15} svingninger per sekund (gigantiske tal, som skal skrives med 14-15 cifre) ligger den stråling, vi kender som synligt lys, idet farverne i regnbuens spektrum fra rødt hen imod blåt og ultraviolet afløser hinanden med højere og højere frekvenser.

Det kan virke fantastisk, at vi med øjnene kan "tælle så hurtigt" som et 14-cifret antal svingninger per sekund og se forskel på rødt og gult lys. Årsagen er, at vi ikke tæller svingningerne, men har lysfølsomme "stave" i øjnene, der er følsomme over for de forskellige farver, og vi har da også i en almindelig husholdning helt simple optiske komponenter, der kan adskille forskellige farver. Tænk for eksempel på et glas vand, som spreder de forskellige farver i Solens lys ud i en lille regnbue i en vindueskarm – et fænomen, der skyldes, at sollysets forskellige farvekomponenter følger forskellige retninger gennem glasmaterialet. Det samme sker i vanddråber, og regnbuen på himlen opstår på grund af opspaltningen af Solens mangefarvede lys, så de forskellige farver i Solens stråler bøjes i forskellige retninger. Derfor skal vi kigge i forskellige retninger for at se det røde, det gule og det blå lys, der inde i regndråberne er afbøjet fra deres oprindelige retning fra Solen.

Den tyske fysiker Wilhelm Conrad Röntgen fik verdens første Nobelpris i fysik i 1901 for opdagelsen af det, han kaldte X-stråler. På dansk kender vi dem i dag som røntgenstråler, mens man på engelsk har fastholdt betegnelsen X-rays. Røntgenstråling er også svingende elektriske og magnetiske felter, men med endnu højere frekvenser end det synlige lys.

ILLUSTRATION 4. ELEKTROMAGNETISK SPEKTRUM

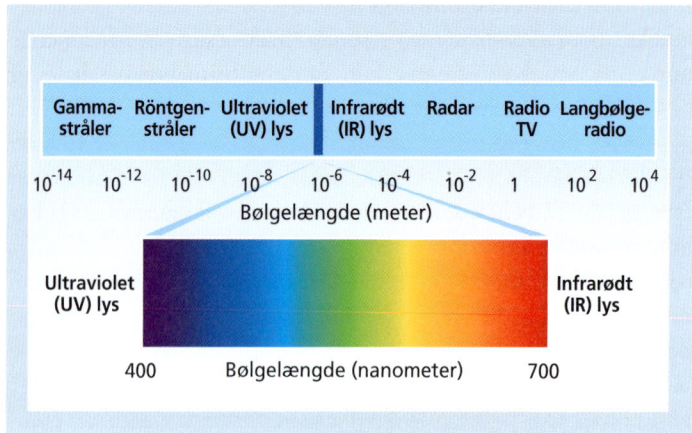

| Gamma-stråler | Röntgen-stråler | Ultraviolet (UV) lys | Infrarødt (IR) lys | Radar | Radio TV | Langbølge-radio |

10^{-14} 10^{-12} 10^{-10} 10^{-8} 10^{-6} 10^{-4} 10^{-2} 1 10^{2} 10^{4}

Bølgelængde (meter)

Ultraviolet (UV) lys | Infrarødt (IR) lys

400   Bølgelængde (nanometer)   700

Kemi og atomfysik

Ordet "atom" kommer fra græsk og betyder udeleligt, og stoffets opbygning ved udelelige byggesten var en af flere teorier, som græske naturfilosoffer havde tænkt sig frem til i antikken. Der florerede teorier om, at alt stof var opbygget af ganske få grundelementer, men disse teorier var i højere grad bygget på æstetiske og filosofiske argumenter end på en egentlig undersøgelse af materialers fysiske egenskaber. Senere observationer vedrørende gassers tryk og temperatur pegede på, at de ikke var "bløde skyer", men bedst kunne forstås som sværme af mikroskopiske enkelte partikler: atomer og molekyler. I 1803 foreslog englænderen John Dalton, at en opfattelse af stof som sammensat af endelige byggestene kunne forklare kemikeres, alkymisters og mange øvrige håndværksfags erfaringer med blandingsforholdene af forskellige stoffer i fysiske og kemiske processer. Den russiske kemiker Mendelejev arrangerede i 1869 alle kendte stoffer i tabelform i sit "periodiske system" ud fra observationer af, hvilke stoffer der reagerer kemisk med hinanden.

I stedet for at løse Newtons bevægelsesligning for alle atomer og molekyler i en gas kan man benytte statistiske argumenter og forene dagligdagsfænomener som tryk og temperatur med den underliggende opfattelse af et enormt antal mikroskopiske atomer og molekyler, og da man både kan veje en større stofmængde og samtidigt sætte tal på, hvor mange atomer der er til stede, kan man også komme frem til de uhyrligt små dimensioner, der beskriver det enkelte atom, eller de uhyrligt store tal, der beskriver, hvor mange atomer der er i bare et gram stof. Et gram brint består således af $6\cdot10^{23}$ atomer, det såkaldte Avogadros tal.

Striber i lyset

Et af 1800-tallets helt store fremskridt, som ville få afgørende betydning for forståelsen af atomernes verden og kvantemekanikken, var opdagelsen af de karakteristiske farvespektre af det lys, som forskellige stoffer absorberer eller udsender. Vi opfatter Solens lys som gult eller hvidt, men det består i virkeligheden af lys af alle farver, ligesom man på teatre og til koncerter kan se forskelligt farvede lamper benyttet til at lave "naturligt" lys. I 1802 havde den engelske fysiker William Hyde Wollaston imidlertid observeret, at der manglede bestemte farver i Solens lys, og i 1814 udviklede den tyske spektroskopiker Joseph von Fraunhofer en ny spektrograf. Med den kunne han helt præcist bestemme bølgelængderne svarende til de mørke striber, der opstod, når man splittede lyset op i regnbuens farver. De mørke striber skulle senere vise sig at skyldes en kombination af absorption i Solens øvre atmosfære, så de farver var svækkede i Solens lys, og absorption af lyset i vanddamp i Jordens egen atmosfære. Der sker ikke bare en generel svækkelse af intensiteten under lysets passage gennem en gas, men en meget selektiv fravælgelse af bestemte frekvenskomponenter.

I 1868 identificerede man striber ved frekvenser, man ikke hidtil havde set ved noget jordisk materiale, og konkluderede, at Solen måtte indeholde et ukendt stof. Man kaldte dette ukendte stof helium efter Solen, som hedder ἥλιος, Helios, på græsk. Det er en fantastisk tanke, at heliumatomer, som er så bittesmå, at fysikerne ikke ville kunne se dem på nært hold i selv de bedste mikroskoper, for første gang blev observeret på 150 millioner kilometers afstand! Grundstoffet helium blev siden opdaget på Jorden i 1895. Helium er en meget let luftart, som i gasform bevæger sig så hurtigt, at den undslipper Jordens tyngdekraft og forlader atmosfæren, men den forekommer i undergrunden og udvindes blandt andet ved naturgasproduktion.

ILLUSTRATION 5. SPEKTRE FOR FLERE GASSER

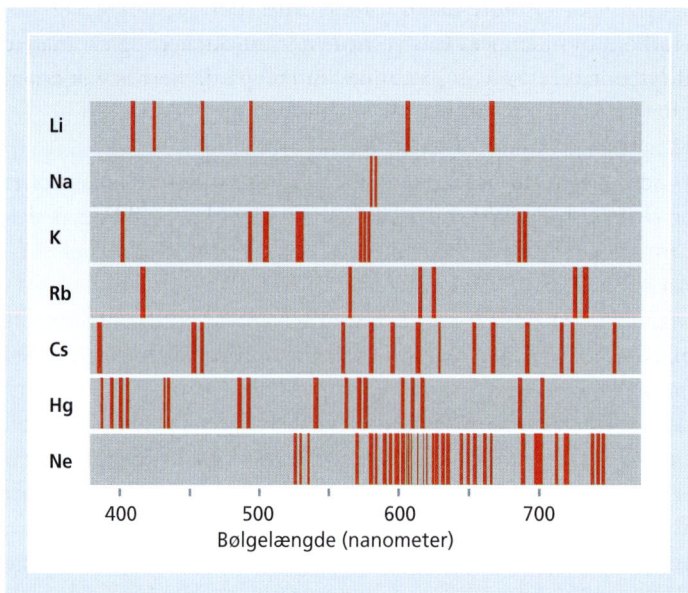

Bølgelængde (nanometer)

Dygtige spektroskopikere udviklede metoder til at måle lysets komponenter meget præcist for forskellige stoffer både i eksperimenter på Jorden og i observationer af Solen og stjernerne. Solens spektrum udviser 100.000 mørke absorptionslinjer, som alle kan identificeres med forskellige typer af stof, som også findes på Jorden, og bortset fra de lette luftarter brint og helium, som ikke vil forblive i Jordens atmosfære, kan vi se, at Solen har samme stofsammensætning som Jorden. Bemærk, hvordan en sådan iagttagelse helt naturligt førte til teorien om, at alle legemer i Solsystemet blev dannet ud fra den samme stofmængde. Hvor stoffet kom fra, inden det trak sig sammen på grund af tyngdekraften og dannede Solen og planeterne, vil vi vende kort tilbage til i et senere afsnit.

Alle himlens stjerner kan gøres til genstand for spektralanalyse, og man kan ved at undersøge de mørke absorptionslinjer bestemme stofsammensætningen af det lysabsorberende stof i deres atmosfærer. Man kan også se, hvor hurtigt stjernerne bevæger sig, fordi bevægelse får frekvensen til at ændre sig, ligesom ambulancens sirene lyder dybere, når den fjerner sig. Og fordi høje temperaturer er det samme som store relative hastigheder af atomer og molekyler i forhold til hinanden, kan vi med en stjernekikkert og en analyse af lysets farver også "tage temperaturen" på de fjerneste stjerner. Efter en tur gennem et spektrometer er hver eneste lysende prik på nattehimlen kilde til et væld af information.

Som nævnt var det også muligt at opvarme gasser i laboratorier og se deres lysspektre, og med den teknologiske udvikling af eksperimentelt udstyr blev der mod slutningen af 1800-tallet gjort en række andre nyopdagelser vedrørende den mikroskopiske verden. Man opdagede for eksempel, at stråler fra katoderør, forløberen for billedrøret i tv-apparater, i modsætning til lysstråler lod sig afbøje i magnetfelter. Derfor kunne englænderen J.J. Thomson i 1897 identificere dem som meget lette elektrisk ladede partikler, der fik navnet elektroner. Man havde også iagttaget andre former for stråling, for eksempel radioaktivitet fra kernen i atomets indre, som først for alvor skulle blive forklaret teoretisk i 1930'erne. Men strålingen virkede perfekt, også uden teori, og den skulle meget hurtigt vise sig anvendelig både til praktiske formål og til den eksperimentelle udforskning af den mikroskopiske verden.

KAPITEL 3

KVANTETEORIEN OPSTÅR

Hvorfor, hvorfor dit og hvorfor dat?

SPØRGE JØRGEN

Selvom vi kender de naturlove, der styrer for eksempel planeternes bevægelse om Solen, kan man ligesom Spørge Jørgen stille spørgsmål om grunden til, at ting ser ud, præcis som de gør, og måske spørge om, hvorfor der lige er det antal planeter, der er, og ikke tre mere eller mindre. Den slags spørgsmål er, som de fleste af Spørge Jørgens spørgsmål, ikke særlig interessante, da der vitterlig kan være tale om tilfældigheder, men i forbindelse med nogle fænomener og observationer er det alligevel værd at stille spørgsmålet: "Hvorfor er det lige netop sådan?".

En af det 19. århundredes største fysikere, lord Kelvin, pegede på et vigtigt "hvorfor". Han rejste et spørgsmål, som han mente skulle besvares, før fysikken kunne siges at være endeligt forstået. Fænomenet må have været kendt siden stenalderen: Når gløderne i et bål bliver koldere, skifter deres farve fra hvid og gul til rød. 1800-tallets fysikere kaldte lys fra en varm kilde uden specielle atomare absorptions- og emissionslinjer for "sort hulrumsstråling". Bortset fra de smalle absorptionslinjer er Solens lys et godt eksempel på sort hulrumsstråling. Det kan forekomme pudsigt, men selvom Solen hverken er sort eller hul, kan fysikere altså godt finde på at opfatte den som et sort hulrum!

Ifølge Maxwells elektrodynamik er der energi i lyset, og da en meget varm kilde må forventes at udstråle mere energi, er det naturligt at forvente mere intenst lys, men ikke nødvendigvis lys af en anden farve. Vi ved, at lys er elektromagnetiske bølger, og at forskellige farver svarer til forskellige frekvenser af lyset. De høje temperaturer svarer altså til højere frekvenser, og det manglede fysikerne en tilfredsstillende forklaring på. For lord Kelvin var det afgørende for fysikkens store sammenhæng, at en sådan forklaring kunne findes.

Plancks strålingslov, lysets kvantisering

Nogle opdagelser bliver gjort i mindre bidder, og problemet med den sorte hulrumsstråling blev først tacklet af tyskeren Max Planck i år 1900. Planck fandt en matematisk formel, der beskrev intensiteten af lyset ved forskellige frekvenser i overensstemmelse med de mange opmålinger af det efterhånden velkendte fænomen:

$$I(f) = \frac{2hf^3}{c^2} \frac{1}{e^{\frac{hf}{kT}} - 1}$$

Denne formel, som i dag bærer navnet Plancks strålingslov, var oprindeligt ikke udtryk for en egentlig teoretisk eller matematisk indsigt men var, hvad fysikere kalder et "fit". Max Planck gættede simpelthen på, at netop denne formel med det rette valg af talværdier kunne tilpasses til de målte data. I Plancks strålingslov betegner c lysets hastighed, og k Boltzmanns konstant. Produktet af Bolzmanns konstant og temperaturen er et udtryk for energien, lagret som varme, mens h er en talværdi, som Planck benyttede til at tilpasse formlen til målte resultater. Da produktet h·f i formlen divideres med den termiske energi kT, blev det for Planck naturligt at tilknytte denne energimængde til lyset ved frekvensen f:

$$E = h \cdot f$$

På denne indirekte måde antyder Plancks formel, at der er en simpel sammenhæng mellem energi og frekvens og derfor mellem temperatur og farve, præcis som Kelvin havde efterlyst. Denne sammenhæng er ikke i modstrid med den klassiske fysik, men forbindelsen forklares heller ikke af noget element i den klassiske fysik. Noget var i gære!

I Maxwells teori har en lysstråle et energiindhold eller en intensitet, som er givet ved styrken af de elektriske og magnetiske felter. Man kan sagtens forestille sig komponenter af lyset, der svinger ved forskellige frekvenser, men de tilhørende felter kan antage alle mulige værdier, og der er i Maxwells formler intet, der tyder på en særlig betydning af energien E=h·f. Max Plancks radikale tolkning af denne særlige energimængdes optræden i hans formel var, at når et varmt legeme fungerer som lyskilde, kan det ved forskellige frekvenser kun udsende lyset i "klumper" med energien E=h·f. På den måde bliver sandsynligheden for et givet antal klumper, dvs. for en given værdi af lysets intensitet, en funktion af f/T. Når en ting kun findes i bestemte mængder, for eksempel piskefløde, som jeg i mit lokale supermarked kun kan købe i en mindste mængde af 0,25 liter, betegnes det et kvantum (og jeg kan få kvantumrabat, hvis jeg køber en halv eller en hel liter). Planck kaldte derfor sin teoretiske beskrivelse af lysets energiudveksling med det varme legeme *kvanteteorien*. Plancks konstant har talværdien h = 6,27·10^{-34} J·s og er et godt eksempel på de helt tossede små tal, vi må beskæftige os med.

Hvis f er en frekvens omkring 10^{14}-10^{15} Hz, bliver produktet en energi omkring 10^{-19} joule. Det er en meget lille energimængde i sammenligning med, at der ifølge varedeklarationen er 1,5 millioner joule i en deciliter piskefløde, men det er den helt naturlige energimængde for forholdene i et enkelt atom, som vi vil støde på senere.

Blandt fysikere er det et kendt faktum, at der frigøres elektroner ved den såkaldte fotoelektriske effekt, hver gang man belyser et materiale. Det er den effekt, der benyttes ved detektion af lysstråler i for eksempel fotoceller, og som får en klokke til at ringe, når vi træder ind i en bagerbutik. Den fotoelektriske effekt er et fænomen, der yderligere understøtter Plancks kvantehypotese.

Med udgangspunkt i Plancks teori foreslog Albert Einstein i 1905, at der vitterlig er tale om, at det er lyset selv, der kommer i kvanter og altså består af en slags partikler. I den fotoelektriske effekt er der altså tale om processer, hvor et indkommende lyskvant absorberes og afgiver sin energi fuldt og helt til en enkelt elektron, og hvis energien er stor nok til at løsrive elektronen fra materialet, flyver elektronen bort med den tiloversblevne energi. Mere intenst lys betyder, at det består af flere lyskvanter, og dermed får flere elektroner chancen for at absorbere et kvant. Hvis det enkelte lyskvants energi derimod er for lille til at løsrive en enkelt elektron, frigøres der ifølge denne teori og i overensstemmelse med eksperimentelle undersøgelser ingen elektroner, og der opstår ingen elektrisk strøm.

ILLUSTRATION 6. FOTOELEKTRISK EFFEKT

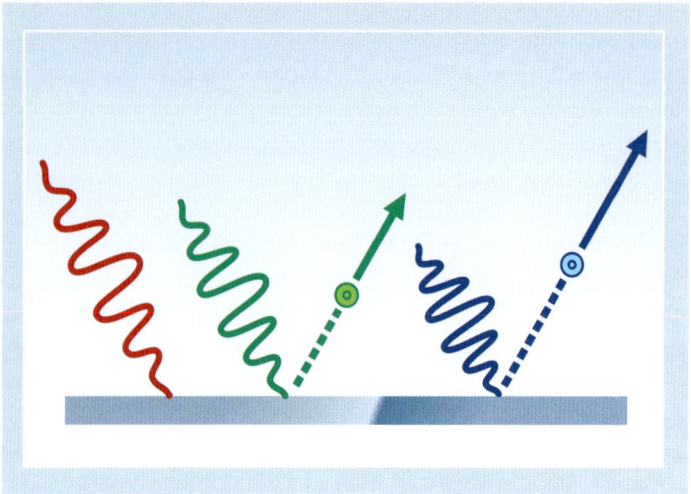

Illustration 6 viser en metaloverflade, der belyses med lys i tre farver: 1) Rødt, lang bølgelængde: Lyset rammer metallet, men intet sker. 2) Grønt, kortere bølgelængde: Lyset rammer metallet, og en langsom elektron frigøres. 3) Blåt, kort bølgelængde: Lyset rammer metallet, og en hurtig elektron frigøres.

Af det ovenstående kan det godt se ud, som om fysikerne nu endegyldigt betragtede lyset som kvantiseret i en strøm af lyspartikler. Det var ingenlunde tilfældet, og Einstein gjorde selv opmærksom på et "ubehageligt" og fundamentalt problem ved at betragte lys som kvanter: Lys er jo ifølge Maxwells teori en bølge, og det udstrækker sig derfor over et større område af rummet, og hvis en sådan bølge kun indeholder et enkelt kvantum, som absorberes af en enkelt elektron ved den omtalte fotoelektriske effekt, hvad sker der så med bølgen alle andre steder i resten af rummet? Før absorptionen er der et elektrisk og magnetisk felt af en vis styrke, men det forsvinder abrupt, fordi der finder en proces sted en meter derfra! Som vi skal se, er denne tidlige bekymring profetisk for den holdning, Einstein senere udtrykte til 1920'ernes færdigt udviklede kvanteteori.

I en periode frem til 1916 skulle den amerikanske fysiker Robert Andrews Millikan gennemføre en række forsøg for at tjekke

Einsteins analyse af den fotoelektriske effekt i detalje. Millikan var selv skeptisk over for den partikelagtige beskrivelse af lyset, men hans resultater talte for teoriens gyldighed. I 1920'erne skulle lyskvanterne få navnet "fotoner", men det er værd at nævne, at der den dag i dag er meget anerkendte fysikere, der accepterer Plancks kvantisering af den energi, der udveksles mellem stof og lys, men ikke anerkender, at det betyder, at lyset er en strøm af lyspartikler.

Rutherfords forsøg og Niels Bohrs model for atomet

Den næste aktør i vores beretning er den danske fysiker Niels Bohr. Bohr var som ung fysiker i 1911 taget til England for at arbejde hos elektronens opdager, J.J. Thomson, men på den tid skete der mere spændende opdagelser i Manchester hos den newzealandske fysiker Ernest Rutherford, og Bohr sluttede sig hurtigt til Rutherfords gruppe. Det store forskningsemne på den tid var stoffets sammensætning, og efter Thomsons opdagelse af de lette negative elektroner vidste man, at elektronerne i atomer og molekyler måtte være bundet til en form for positiv ladning, så de sammensatte systemer tilsammen ville være elektrisk neutrale.

I en indledende model forestillede man sig en udtværet positiv ladning ligesom krummen i et franskbrød, hvori elektronerne skulle befinde sig ligesom rosiner i et brød. Denne model nød en vis anseelse, indtil Rutherford lavede en række forsøg, hvor elektrisk ladede såkaldte alfa-partikler fra en radioaktiv kilde med høj energi beskød et guldfolie og blev spredt ud i forskellige retninger. Rutherford kunne vise, at et lille antal af de tunge alfa-partikler blev reflekteret næsten direkte tilbage mod kilden, og det kunne kun forklares ved, at de måtte være kollideret med tunge, meget kompakte, ladede partikler inde i guldfoliet. Den positive ladning og næsten hele massen i guldfoliet måtte derfor være samlet i kompakte kerner næsten uden rumlig udstrækning. Der er naturligvis stor forskel på at skyde et projektil igennem et rosinbrød og igennem en tom brødform med små ophængte kompakte kugler, og rosinbrødshypotesen måtte forkastes.

Rutherford tegnede altså nu et nyt mikroskopisk billede af stof, hvor de negativt ladede elektroner som i et mini-planetsystem kredsede omkring centrale, tunge, positivt ladede kerner af stof.

Det blev derefter den danske fysiker Niels Bohr, der i 1913 skulle

ILLUSTRATION 7. RUTHERFORDS EKSPERIMENT

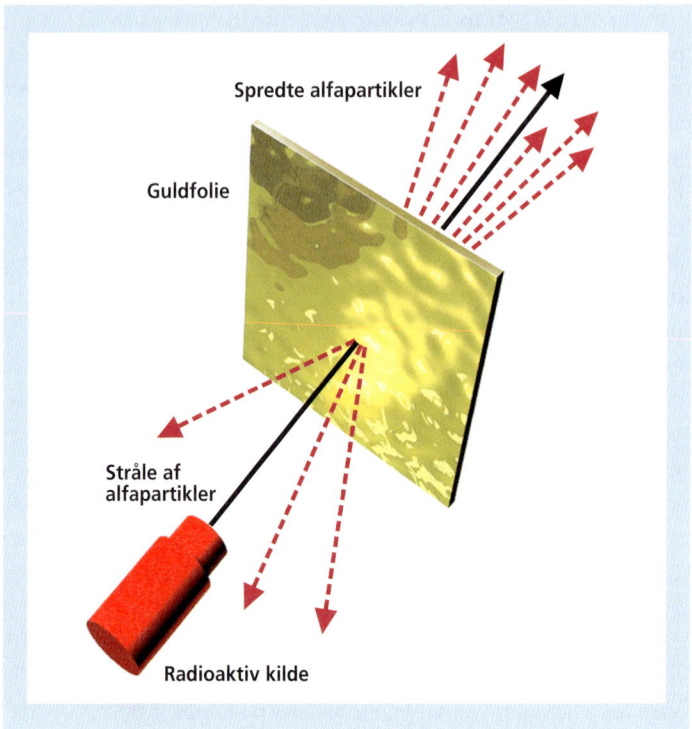

give en revolutionerende teoretisk beskrivelse af disse planetsystemer, atomerne, og tage det første nødvendige skridt i retning af en ny beskrivelse af fysikken, hvilket skulle gøre Newtons klassiske mekanik og vores tilvante opfattelse af, hvad bevægelse er, aldeles ubrugelig ved beskrivelsen af den mikroskopiske verden.

Niels Bohrs atommodel

I 1913 stod fysikerne over for at skulle beskrive et mikroskopisk fysisk system med lette partikler, der kredser om et tungt objekt på grund af den elektriske tiltrækning, som har matematisk samme form som tyngdekraften mellem Solen og Jorden. Bohr leverede en "arbejdsdygtig" teori for dette system – en teori, der kunne redegøre for alle de observationer, man havde gjort vedrørende atomers opførsel. Bohr startede med brintatomet, som består af en enkelt elektron i kredsløb omkring brintkernen, og han kunne umiddelbart kopiere Newtons løsninger for planetproblemet, som siger, at planeterne bevæger sig i cirkel- eller ellipsebaner rundt om Solen. For Jordens vedkommende tager et enkelt kredsløb om Solen et helt år. Ser vi på objekter, der flyver omkring Jorden, er rumfærgen i sit kredsløb blot 200 km over Jordens overflade omtrent 1½ time om et kredsløb, mens synkronbanen cirka 35.000 km fra Jordens centrum er karakteriseret ved en omløbstid på et døgn. Derfor er det et godt sted at parkere satellitter, da de følger Jordens daglige rotation om dens akse og derfor altid står i samme retning på himlen set fra en parabolantenne. Månen er næsten 400.000 km fra Jorden og bruger en måned (deraf navnet) på sit omløb om Jorden.

Sætter man værdierne for de elektriske kræfter ind i stedet for tyngdekraften i Newtons formel og ser på en partikel med elektronens masse i et cirkelformet kredsløb, cirka 1/10 af en milliontedel af en millimeter fra brintkernen, får vi en omløbstid på cirka 10^{-15} sekund, så det går stærkt! Men det er netop den tidsskala, vi vil have fat i, for en så hurtig bevægelse af elektronen rundt om atomkernen vil få atomet til at udsende stråling i et frekvensområde omkring 10^{15} Hz, som vi jo tidligere har identificeret med synligt lys.

Atomerne udsender lys, men som spektroskopikerne havde set, sker det ikke med vilkårlige frekvenser. Bohrs teori skulle forklare, hvorfor elektronens omløbsfrekvenser tilsyneladende kun kan antage helt bestemte værdier. Teorien måtte også forholde sig til energiens bevarelse og til, at de elektrisk ladede elektroner må miste energi, når de udsender stråling. Hvis man indsætter tallene for brintatomet med en elektron i en bestemt bane, vil man ifølge Newtons 2. lov se, at elektronen vil bevæge sig indad i en spiralbane og komme nærmere og nærmere på atomkernen under udsendelse af stråling med højere og højere frekvens. Den teori passer overhovedet ikke med observationerne – heldigvis, for hvis elektroner gjorde sådan, ville alt stof jo falde helt sammen, og vi ville slet ikke være her.

Bohr foreslog derfor i 1913 en radikalt ny beskrivelse af elektronens bevægelse i atomet. I hovedtræk følger Bohrs beskrivelse den klassiske mekanik, men for at redegøre for observationerne i laboratoriet, måtte han tilføje nogle ekstra ingredienser i teorien:

Elektronen i brintatomet bevæger sig om kernen, ligesom en planet om Solen, i overensstemmelse med Newtons 2. lov.

Elektronen kan kun bevæge sig i særligt udvalgte baner i helt bestemte afstande fra kernen.

Disse særlige baner er stationære; det vil sige, at elektronen ikke taber energi og ikke udsender stråling, når den følger en given bane omkring kernen.

Det er muligt for elektronen at foretage "kvantespring", idet den forlader en bane og fortsætter i en anden.

Når elektronen foretager sit kvantespring mellem to baner, udsendes lys med en frekvens givet ved Plancks formel, $E = h \cdot f$, hvor fotonenergien E er lig med forskellen mellem banernes værdier for elektronens mekaniske energi (Bohrs frekvensbetingelse).

Korrespondensprincippet

Selvom Bohrs postulater stred mod den kendte fysik, er atomerne unægtelig meget mindre end Solsystemet. Beskrivelserne af dem kunne derfor adskille sig fra den klassiske mekanik på nogle punkter. For at hele teorien ikke skulle hvile på påstande, foreslog Bohr, at der skal være en korrespondance – der skal forekomme et sammenfald – mellem atomteorien og den sædvanlige mekanik, når elektronen i atomet bevægede sig i baner i store afstande fra atomkernen. Ifølge Bohrs postulat skal frekvensen af lyset, der udsendes fra elektronen i store baner, derfor svare til energiforskellen mellem to baner og samtidig være i overensstemmelse med den klassiske omløbsfrekvens af elektronen i den enkelte bane.

Lighed mellem de to værdier kan opnås, hvis man netop vælger de store baner ved helt bestemte afstande. Nummererer man banerne med hele talværdier n, de såkaldte kvantetal, skal elektronen i den enkelte bane have en energi, der er proportional med $1/n^2$, altså omvendt proportional med kvadratet på de hele tal n. Der fandtes ganske vist ikke eksperimenter, hvor man havde studeret atomer med meget fjerne elektroner svarende til meget store værdier af n, men da Bohr i 1913 indsatte de mindre værdier 2,3 … for

ILLUSTRATION 8. BOHRS ATOMTEORI

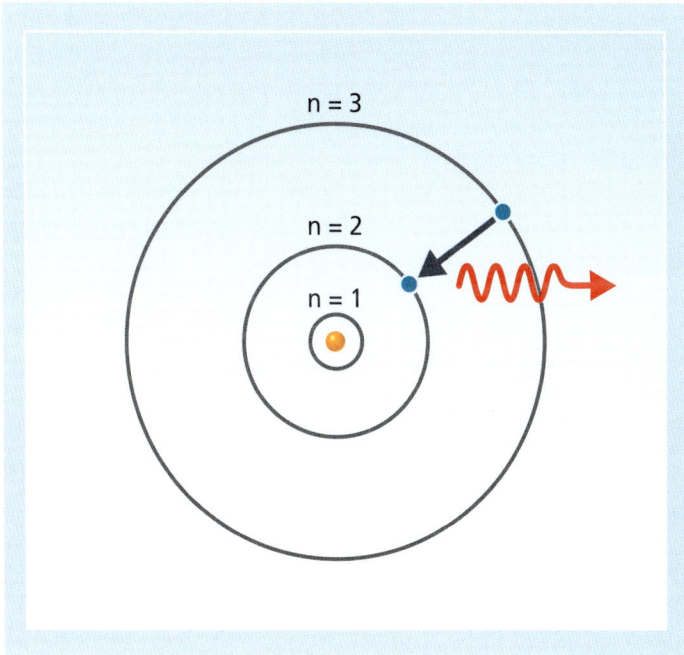

kvantetallet n i sin formel, fik han en perfekt overensstemmelse med de målte frekvenser i brints lysspektrum. Overensstemmelsen gjaldt såvel den meget regelmæssige proportionalitet med $1/n^2$ som den helt præcise talværdi for proportionalitetskonstanten, som spektroskopikerne hidtil havde målt eksperimentelt, og som Bohr på grund af det teoretiske argument for de store baner med høje værdier for tallet n nu kunne "afsløre" som en ganske bestemt kombination af Plancks konstant, h, lysets hastighed, elektronens masse og dens ladning.

Først så det faktisk ud, som om der var en lille fejl på det 5. ciffer i sammenligningen mellem Bohrs teori og de eksperimentelle data. Ved at inkludere i teorien, at det ikke bare er elektronen, der bevæger sig, men at den næsten 2000 gange tungere kerne også bevæger sig en lille smule om de to partiklers fælles tyngdepunkt, lykkedes det Bohr at opnå en perfekt overensstemmelse. Nogle spektrallinjer i Solens spektrum, der også adskilte sig på det 5. ciffer fra den forbedrede teori, måtte derimod forklares ved, at elektronen her måtte bevæge sig omkring en dobbelt så tung kerne i et atom med næsten samme egenskaber som brint. Denne nyopdagelse fik navnet "tung brint". Tung brint med en dobbelt så tung kerne som normal brint findes også på Jorden og forekommer i vandmolekylet i tungt vand, som kom til at spille en vigtig rolle under den tyske besættelse af Norge under Anden Verdenskrig, idet tungt vand var en vigtig komponent i det tyske atombombeprojekt, og det kunne opsamles fra bunden af de dybe norske søer.

Bohr og hans kolleger arbejdede videre med atomteorien, og der var udfordringer nok at tage fat på. Først og fremmest var der naturligvis de grundlæggende postulater, som man gerne ville bringe på en mere præcis form for at kunne beskrive andet og mere end lige brintatomet – på samme måde som Newtons teori kan bruges på al mekanisk bevægelse, uden at fysikere ved hver ny opgave skal opstille nye regler og postulater.

Bohrs og Sommerfelds kvantiseringsbetingelse

Bohrs korrespondensprincip var opstillet for de fjerne elektronbaner i brint og virkede ved en tilsyneladende tilfældighed også for de nære baner. Bohr og den tyske fysiker Arnold Sommerfeld arbejdede imidlertid også med en alternativ, mere matematisk formulering af, hvilke baner der er lovlige (dvs. mulige) inden for den nye teori. Der forekom i den teori dels cirkelbaner, hvor elektronens impuls, dvs. produktet af dens masse og hastighed, ganget med omkredsen af banen, gav et helt multiplum af Plancks konstant, og dels ellipse-formede baner, hvor det tilsvarende krav udtrykkes matematisk ved, at integralet af den varierende værdi af impulsen langs med en enkelt tur omkring kernen giver dette resultat. Denne særlige egenskab betegner man som Bohrs og Sommerfelds kvantiseringsbetingelse, da den fører til en kvantisering af elektronens energi i bestemte værdier. Betingelserne fører til en nummerering af banerne, og til at skelne mellem cirkel -og ellipsebanerne identificerede man endnu et kvantetal, hvormed alle baner i teorien kunne beskrives.

Sommerfeld anvendte herefter de nye principper i en udregning for brintatomet, hvor han inddrog Einsteins specielle relativitets-teori. Relativitetsteorien, som Einstein fremsatte i 1905, siger, at legemer ved stor hastighed (i forhold til lysets hastighed på 300.000

kilometer per sekund) bliver tungere, og tidsintervaller og stræk-
ninger opleves som kortere for en iagttager i hvile.

Indsætter vi Einsteins udtryk for impulsen i Bohrs og Som-
merfelds kvantiseringsbetingelse, får vi en mindre korrektion til
Bohrs energier. Elektronen i den inderste, hurtigste bane omkring
brintkernen bevæger sig med under 1 % af lysets hastighed, og den
resulterende korrektion til energien, betegnet finstrukturen, blev
bekræftet af eksperimenter ved den mest præcise overensstemmelse
mellem målinger og et beregnet teoretisk resultat, der nogensinde
var blevet konstateret. I dag, et århundrede senere, er det stadig
i atomfysikken, at vi har de mest præcise sammenligninger mel-
lem teori og eksperiment: Vi er nu ude på 15. ciffer i målingen af
frekvenser, og den helt ekstreme præcision er omsat til praktiske
teknologier baseret på atomernes frekvenser i for eksempel atomure,
der ikke bare måler, men faktisk definerer tidens gang for os.

Den klassiske mekanik blev forstået af Newton på baggrund af
planeternes bevægelse, som kun kunne iagttages med astronomiske
instrumenter, men som i kraft af deres regelmæssighed stadig viser
de lovmæssigheder, der er på spil ved al bevægelse. På samme måde
blev det atomets regelmæssige "miniplanetsystem", der ledte Bohr,
Sommerfeld og den følgende generation af fysikere hen imod den
klassiske mekaniks afløser: kvantemekanikken, den generelle teori
for al mikroskopisk bevægelse.

Kvantespring

Det af Bohrs postulater, der voldte de største vanskeligheder, var
kvantespringene, hvor elektronen tilsyneladende springer abrupt og
uden nogen forklaring fra en bane til en anden. Einstein, som lige
fra starten var begejstret for Bohrs teori, kom i 1917 med et yderst
snedigt argument, som satte ham i stand til at beregne hyppigheden
af kvantespringene i Bohrs teori: Vi ved, at atomer absorberer og
udsender lys, og tænkes et atom at være i kontakt med et varmt sort
hulrum, så skal sandsynligheden for at træffe elektronen i baner ved
forskellig energi være givet ved den statistiske fysiks formler, som
indeholder både baneenergierne og temperaturen. Da sandsynlighe-
derne fremkommer i Bohrs teori, fordi elektronen springer fra bane
til bane med forskellige hyppigheder, kunne Einstein finde de rette
værdier for disse hyppigheder, og han kunne specielt påvise, at der

måtte forekomme to slags fysiske processer: Stimulerede processer, hvor elektronen springer op eller ned i energi med samme hyppighed, hvis der er stråling til stede omkring atomet, og spontane processer, hvor elektronen kun kan henfalde til lavere energibaner under udsendelse af lys.

Der findes vanskelig teoretisk fysik, som kræver stor teknisk og matematisk snilde samt en vis optimisme og gåpåmod for at løse de problemer, teorien stiller op for én. Bohrs og Einsteins arbejder indebar bestemt sådan snilde og gåpåmod, men de var ydermere af en helt anden karakter, da der ikke var nogen teori at støtte sig til. Forskerne måtte selv opfinde argumenterne til støtte for rigtigheden af deres dristige påstande. En anekdote siger, at Bohr og Einstein engang stod og vaskede op sammen, og Einstein sagde: "Her står vi med snavset vand og snavsede viskestykker, og alligevel bliver opvasken ren". Min udgave af *Dansk Husmoderleksikon* fra 1943 vil næppe give Einstein helt ret vedrørende opvaskens renhed, men anekdoten er et fint billede på, at de havde været i stand til at frembringe en både nyttig og korrekt teoretisk beskrivelse fra et højst uklart udgangspunkt.

Niels Bohr og det periodiske system

De kemiske og fysiske forskelle mellem de forskellige grundstoffer, som vores verden består af, skyldes, at atomkernerne er forskellige og har en positiv ladning af forskellig styrke og derved kan tiltrække et forskelligt antal elektroner omkring sig. Bohrs formel fra 1913 er nem at generalisere til en enkelt elektron i omløb omkring en vilkårligt kraftig ladning. Energierne skal i det tilfælde blot ganges med kvadratet på den centrale ladning, og selvom de egentlig er beregnet for atomer med en enkelt elektron, beskriver de rimeligt godt energien af elektroner i de inderste baner tæt på kernen i atomer med flere elektroner, på samme måde som Jordens bane kun forstyrres en smule af tyngdekraften fra de ydre planeter i Solsystemet. Kvantespring mellem baner tæt på kernen var kendte fra forsøg, hvor en indre elektron bortrives ved en ydre påvirkning, hvorefter en elektron springer til den ledige bane fra den næstinderste bane.

Ifølge Bohrs formel for store kerneladninger er energien og derfor også lysets frekvens høj for spring mellem de inderste elektronbaner, og strålingen ligger i røntgen-området. Englænderen Moseley fandt i 1913 den simple sammenhæng med kvadratet på kerneladningen ved en lang række forsøg på de kendte grundstoffer og var dermed – helt uafhængigt af Bohrs arbejder – på vej til en mikroskopisk forståelse af Mendelejevs kemiske klassificering af alle stoffer i det periodiske system. Desværre kom Første Verdenskrig i vejen, og Moseley blev et af de mange tragiske ofre for krigen, før han kunne drage de fulde konklusioner af sit arbejde.

Når rumforskere i dag sender robotter til Mars, er det blandt andet for på kontrolleret vis at kunne beskyde overfladens atomer og løsrive de indre elektroner med henblik på at måle frekvensen af den udsendte røntgenstråling. Marsstøvets grundstofsammensætning kan dermed bestemmes og sammenlignes med Jordens og med modelberegninger. En forekomst af jord nær Silkeborg har vist sig at ligne marsjord så meget, at forskere på Aarhus Universitet har kunnet opbygge et førende laboratorium for vindtunneller med støvstorme af "marsjord", hvor man blandt andet kan se, hvordan støvet påvirker rumsonder.

Bohrs atommodel blev konstrueret med basis i de optiske spektre, som den forklarede ved at påstå eksistensen af helt bestemte elektronenergier i atomerne. En uafhængig observation af disse energier, der ikke på samme måde afhang af Plancks sammenhæng mellem optisk frekvens og energi, fremkom, da Franck og Hertz i 1915 demonstrerede, at en stråle af elektroner, der kolliderer med en atomar gas, taber energi i mængder, der netop modsvarer energiforskellene imellem Bohrs elektronbaner i atomerne. Disse energitab må vi forstå ved, at den indkommende elektron har kollideret med et atom, hvorved en bundet elektron har kunnet opfange energi nok til at skifte til en mere energirig bane, mens projektilet må have mistet den samme energimængde, så den totale energi er bevaret.

I perioden fra 1913 til 1924 skulle Bohr og hans medarbejdere gøre mange forsøg på at beskrive de tungere grundstoffer, idet de angreb dem med en kombination af Newtons 2. lov samt Bohrs og Sommerfelds kvantiseringsbetingelse. Det er uhyre svært at beskrive mere end en enkelt elektron, der bevæger sig om en atomkerne, da elektronerne har samme ladning og frastøder hinanden, og man benyttede sig derfor af en forsimplende gennemsnitsbetragtning, således at en elektron i en bane tæt på kernen, set fra fjernere elektroner, tildeles en afskærmende effekt, som om kernens positive ladning er reduceret med præcis den negative elektronladning.

Bohr og hans medarbejdere i København havde stor succes med at opbygge atomerne "indefra", idet det viste sig, at man i de baner, teorien havde givet anledning til, aldrig må have mere end to elektroner, så atomer med flere elektroner må fylde op i flere og flere baner i større og større afstande fra kernen. Banerne grupperer sig i såkaldte "skaller" med næsten ens energier, og de kemiske egenskaber ved forskellige stoffer, som især skyldes de yderste elektroners tilbøjelighed til at vekselvirke med omgivelserne, kunne nu sættes i forbindelse med dette opbygningsprincip og give en elektronisk forklaring på Mendelejevs kemiske klassifikation af det periodiske system.

I naturen fandt man stoffer med næsten alle heltalsværdier for den centrale ladning og havde længe ledt efter et stof med en ladning 72 gange større end brintkernen. Bohr foreslog, at man i stedet for at lede efter et stof med samme egenskaber som de kendte nabostoffer med cirka samme ladning og masse skulle kigge efter et stof, der havde sine yderste elektroner i tilstande med de samme egenskaber som de yderste elektroner i stoffet zirkonium med det helt andet ladningstal 40. Det ukendte stof og zirkonium måtte dermed have lignende kemiske egenskaber. Kort efter fandtes stof nummer 72 i malm indeholdende mineralet zirkon og blev til ære for Bohr navngivet med Københavns latinske navn, Hafnium. Meget kortlivede radioaktive stoffer op til 118 er blevet produceret i laboratorier. Det kunstigt frembragte atom med kerneladning 107 blev i 1997 officielt navngivet bohrium efter Bohr. Navngivningen fandt sted efter en årelang navnestrid mellem russiske, amerikanske og tyske grupper, som kunne producere de meget tunge og meget ustabile atomer – russerne insisterede længe på en anden rækkefølge af navnene og havde navnet nielsbohrium som deres foretrukne kandidat til stoffet med atomnummer 105.

KAPITEL 4

KVANTEMEKANIKKEN

Med Bohrs atommodel og påstand om kvantespring mellem de tilladte baner havde naturvidenskaben fået en teori, der kunne forklare de observerede farvespektre i sollyset, atmosfærens absorption og farvespektre i laboratorieforsøg. I det simple brintatom med en enkelt elektron i kredsløb om en atomkerne gav teorien ekstremt gode forudsigelser med bedre end en milliontedels nøjagtighed af de målte frekvenser. Tungere atomer med flere elektroner måtte nødvendigvis blive sværere at beskrive, da elektronerne frastøder hinanden indbyrdes med næsten samme styrke, som de tiltrækkes af atomkernen, og selv ud fra Newtons klassiske mekanik er det meget svært at beskrive dynamikken for tre eller flere legemer, der påvirker hinanden samtidig. Fysikerne var derfor også indstillede på at stille mere beskedne krav til præcisionen af udregninger for de tungere atomer, idet man ville acceptere unøjagtigheder her og der, ligesom når vi runder op eller ned, hvis vi under en indkøbstur forsøger at lægge priserne sammen i hovedet.

Bohrs atommodel får problemer

Selvom man ikke regner helt præcist, er det muligt at vurdere størrelsen på de fejl, man begår, og for helium med kun to elektroner udførte man udregninger med en forventet afvigelse på nogle få procent, både i København hos Bohr og i Tyskland hos Sommerfeld. Ved sammenligning af deres resultater stod det dog snart klart, at afvigelserne mellem eksperimenterne og selv de mest omstændelige udregninger var meget større end beregnet, og de kunne ikke forklares ved de afrundinger, der var foretaget undervejs i regningerne.

Det var naturligvis et stort problem for Bohrs atomteori. Enten skulle den repareres med yderligere ingredienser, men det var slet ikke oplagt, hvad man skulle finde på, eller man skulle forsøge sig med en helt anden beskrivelse af den mikroskopiske fysik.

I 1925-26 fik vi ikke alene en, men hele to revolutionerende nye beskrivelser af den mikroskopiske fysik. Revolutionerende, både fordi de brød fuldstændig med Newtons mekanik og med Bohrs atomare beskrivelse, og fordi de ramte plet og lagde grunden til den enormt succesrige teori, vi i dag betegner som kvantemekanikken.

Den ene formulering af kvantemekanikken kaldes matrixmekanikken, fordi den erstatter de fysiske størrelser, som vi i den klassiske fysik beskriver med enkelte talværdier (for eksempel en elektrons afstand til atomkernen, dens hastighed, dens energi) med såkaldte matricer, kvadratiske tabeller med masser af tal. Den anden formulering kaldes bølgemekanikken, fordi den erstatter beskrivelsen af elektronen som en partikel, der bevæger sig ligesom en planet om Solen, med en beskrivelse af elektronen som en bølge, der er udstrakt i rummet omkring atomkernen.

Matrixmekanikken

En af Bohrs yngre medarbejdere i København var tyskeren Werner Heisenberg. Heisenberg havde som alle tidens fysikere hæftet sig ved det faktum, at lysudsendelse fra atomerne fandt sted ved bestemte frekvenser, som alle kunne beskrives som forskellene mellem bestemte energier divideret med Plancks konstant. Det var den samme iagttagelse, der havde ledt Bohr til påstanden om, at elektronen kun kunne bevæge sig i helt bestemte baner. Men i stedet for at gøre som Bohr og tilpasse elektronens bevægelse til disse energier, forfulgte Heisenberg i 1925 et mere formelt matematisk argument. Han bemærkede, at lysfrekvenserne selv kan nummereres ved de to kvantetal, der betegner start- og sluttilstanden. Man kan derfor opskrive alle de målte frekvenser af lyset på et ternet ark papir eller mere teknisk i en tabel, hvor man ligesom i skolens gangetabeller ved at tælle sig frem fra oven og fra siden kan aflæse ikke resultatet af et gangestykke, men frekvensen af lys udsendt ved hver energiforskel. Sådan en tabel kalder matematikere for en matrix.

I den klassiske elektrodynamik skyldes stråling med en given frekvens, at ladninger og strømme bevæger sig med denne frekvens (det er sådan, radiosendere og mikrobølgeovne virker). Men i stedet for at beskrive elektronens sted og hastighed ved talværdier, ligesom vi gør i den klassiske fysik, foreslog Heisenberg, at man også kunne bruge matricer til elektronens beskrivelse, sådan at talværdien på en bestemt plads i matricen ville beskrive størrelsen af elektronens svingninger ved den tilsvarende frekvens i frekvensmatricen. Elektronens position bliver derved beskrevet ved en matrix, mens dens impuls (masse · hastighed) bliver beskrevet ved en anden.

Hvordan kan man forstå, at elektronens position og impuls som fysiske egenskaber ikke har enkelte værdier, men pludselig hele tabeller af værdier? Det skal man slet ikke prøve at forstå inden for den sædvanlige fysiks rammer. I første omgang er der blot tale om en meget abstrakt og meget omstændelig matematisk formalisme, og Heisenbergs næste dristige skridt var at se på de helt formelle konsekvenser af Newtons love og af Bohrs og Sommerfelds kvantiseringsbetingelse, idet han tog de sædvanlige ligninger, som normalt gælder for sted og impuls, udtrykt ved tal, og lod dem gælde for sine matricer.

Heisenberg studerede først en partikels bevægelse i en dimension, når partiklen er udsat for en fjederkraft, der vokser proportionalt med partiklens stedkoordinat. Denne partikels potentielle energi er givet ved kvadratet på stedkoordinaten, og dens kinetiske energi er givet ved kvadratet på dens hastighed. Med partiklens sted og hastighed udtrykt som tabeller med mange tal havde han derfor brug for en opskrift på, hvordan man ganger tabellerne sammen.

I skolen har vi lært, at faktorernes orden er ligegyldig, når man ganger to tal. For eksempel er 5·3 = 3·5, men Heisenberg skulle jo ikke gange almindelige tal, men store tabeller sammen, og til det formål opfandt han selv "den simpleste og mest naturlige" opskrift, som han sjovt nok ikke vidste, at matematikere allerede havde benyttet i årevis, og som er beskrevet i faktaboksen.

Med konventionen for hvordan man ganger matricer sammen, er det en generel egenskab ved matricer, at de kan give forskellige resultater afhængig af deres rækkefølge i et produkt. Samme efterår viste fysikerne Max Born og Pascual Jordan, og uafhængigt heraf Paul Dirac, at matricerne x for stedet og p for impulsen af en partikel opfylder den følgende magiske relation:

$$x \cdot p - p \cdot x = i \, h/2\pi \, I$$

I ligningen er i kvadratroden af -1 et såkaldt komplekst tal (se faktaboksen), og I er en matrix med 1-taller på hele diagonalen

Multiplikation af matricer

Man ganger matricer med hinanden, idet man ved matrix-multiplikation på en given plads i resultatet, som selv er en matrix, skriver summen af produkter af tal trukket fra den tilsvarende række tal i den første og den tilsvarende søjle af tal i den anden matrix, illustreret med produktet

$$\begin{pmatrix} 1 & 3 \\ 5 & 7 \end{pmatrix} \cdot \begin{pmatrix} 2 & 4 \\ 6 & 8 \end{pmatrix} = \begin{pmatrix} 20 & 28 \\ 52 & 76 \end{pmatrix}$$

hvor den øverste række tal i den første matrix og den venstre søjle i den anden matrix er markeret med gult og fører til resultatet i det øverste venstre hjørne, 20 = 1·2 + 3·6, som er markeret med gult i resultatmatricen.

Multipliceres de samme to matricer i modsat rækkefølge, fås et andet resultat,

$$\begin{pmatrix} 2 & 4 \\ 6 & 8 \end{pmatrix} \cdot \begin{pmatrix} 1 & 3 \\ 5 & 7 \end{pmatrix} = \begin{pmatrix} 22 & 34 \\ 46 & 74 \end{pmatrix}$$

Og her kan vi for eksempel tjekke resultatet af den øverste række i den første og den venstre søjle i den anden matrix, 22 = 2·1 + 4·5.

fra øverste venstre hjørne til nederste højre hjørne og nuller på alle andre pladser i matricen.

Matricer ligner de regneark, som mange benytter sig af ved beregninger på moderne computere. De besidder en stor styrke ved den mere matematiske bogstavregning, hvor man ikke skriver matricerne ud og regner på egentlige talværdier, men blot betegner de enkelte matricer med forskellige bogstaver, for eksempel x og p for sted- og impulsmatricerne for en elektron, og løser det "klassiske bevægelsesproblem" under omhyggelig respekt for gangereglen x·p − p·x = i h/2π I, hver gang man har brug for at bytte om på nogle led i sine udregninger. I 1926 lykkedes det at løse matrixligningerne for brintatomet, og man fik det rigtige spektrum. Noget måtte man have gjort rigtigt!

Komplekse tal

Hvor de sædvanlige reelle tal kan ordnes efter størrelse og ofte illustreres ved en tallinje, der for eksempel kan tegnes på et stykke papir, kan de såkaldt komplekse tal tænkes som en plan, altså som hele papirarket. De består af en reel og en imaginær del, hvor de imaginære tal, hvis kvadrater er negative, ligger langs en linje i planen, vinkelret på den reelle tallinje, således at de to linjer krydser hinanden der, hvor både real- og imaginærdelen er nul. Langs den imaginære linje ligger tallet "i" i samme afstand, som tallet 1 ligger fra tallet 0 på den reelle linje.

Alle komplekse tal kan skrives som summen af et reelt og et imaginært tal, for eksempel $2 + 3 \cdot i$, som er afbildet geometrisk som et punkt i figuren med projektionerne 2 og 3 langs den reelle og den imaginære linje.

ILLUSTRATION 9. KOMPLEKSE TAL

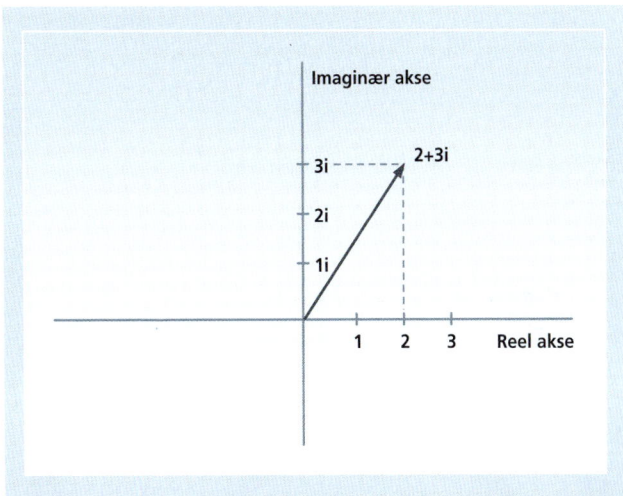

Komplekse tal har en lang historie i matematikken og blev studeret tidligt i Danmark af Casper Wessel, som var matematiker, landmåler og korttegner (og søn af Tordenskjolds nevø), og som gav en geometrisk fortolkning af de komplekse tal ved retninger og afstande i en plan. De komplekse tal håndteres i praksis som par af reelle tal, og de opfylder den sædvanlige matematiks regler, og de kan ligesom de sædvanlige reelle tal lægges sammen. Der findes også regler for, hvordan de kan ganges og divideres med hinanden.

Bølgemekanikken

Plancks teori for lyset og Bohrs atomteori opstod, fordi den klassiske fysik var utilstrækkelig til at forklare resultatet af eksperimenter. Da nu også Bohrs atomteori viste sig utilstrækkelig, var der endnu en gang plads til vilde teorier, og samtidig med Heisenbergs mere formelle overvejelser foreslog den franske fysiker Louis de Broglie en mere fantasifuld fortolkning af de lovlige baner i Bohrs atommodel. Ifølge Bohrs og Sommerfelds kvantiseringsbetingelse opfylder de lovlige baner for elektronen, at produktet af omkredsen $2\pi r$ og elektronens impuls, dvs. produktet af dens masse og dens hastighed, $p = mv$, præcis udgør et helt multiplum af Plancks konstant: $2\pi r \cdot p = n \cdot h$, hvor n er et helt tal. Denne betingelse havde for brintatomet vist sig netop at være opfyldt for baner med de energier, man målte eksperimentelt, og som for de store baners vedkommende havde samme omløbsfrekvens som frekvensen af det udsendte lys i overensstemmelse med Bohrs forventning om en korrespondance til den klassiske teori for stråling.

ILLUSTRATION 10: DE BROGLIE-BØLGER

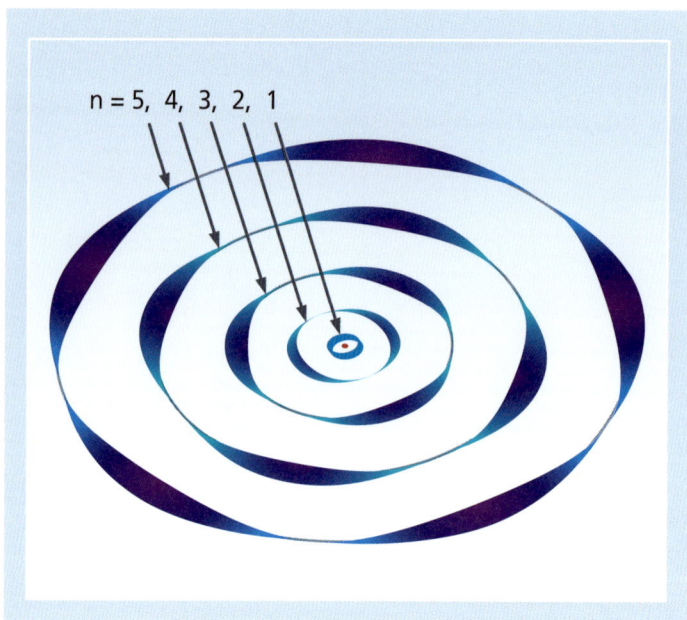

n = 5, 4, 3, 2, 1

De Broglie foreslog i 1923, at man kunne forstå kvantiserings-
betingelsen ved at tænke på bevægelsen rundt langs banen som en
bølgebevægelse, hvor bølgens udsving efter en hel omgang antager
samme værdi som ved starten – som en elastik, der bugter sig
om den klassiske cirkelbane. Vi har tidligere været inde på, at en
klassisk svingende streng udfører en slags bølgebevægelse, og at
guitar- og violinstrenges bevægelse gør, at de spiller helt bestemte
toner. På samme måde kan vi altså forestille os, at atomer "spiller
lys i bestemte farver", bestemt ved de mulige bølgebevægelser langs
Bohr-banerne.

De Broglies bølge stemmer med Bohrs og Sommerfelds teori,
hvis afstanden mellem to på hinanden følgende udsving af bølgen
er Plancks konstant divideret med elektronens impuls. Denne nye
bølgelængde, som er usædvanlig, fordi den forbindes med bevægel-
sen af en partikel, kaldes de Broglie-bølgelængden, og den betegnes
i formler med det græske bogstav λ ("lambda"). Vi har altså at gøre
med en formel, der siger, at bølgelængden er stor for langsomme
elektroner og bliver mindre for hurtige elektroner.

$$\lambda = h/p$$

Schrödingers bølgeligning

Einstein havde i 1905 foreslået, at man for at forstå lysets kvante-
natur samtidig måtte benytte en bølge- og en partikelbeskrivelse
af lyset. Nu foreslog de Broglie, at man tilsvarende for at beskrive
elektronen måtte benytte både en partikel- og en bølgebeskrivelse.

Lydbølger er løsninger til teoretiske ligninger baseret på den
klassiske mekanik og teorien for gassers bevægelse, og lysbølger
er løsninger til teoretiske ligninger baseret på elektrodynamikken,
men hvilke ligninger skal man løse for at finde de Broglies bølger?
Den østrigske fysiker Erwin Schrödinger satte sig for at undersøge,
om der fandtes en matematisk bølgeligning, der kunne løses lige-
som den svingende strengs ligning og Maxwells ligninger for de
elektriske og magnetiske felter, men som ville give bølger med de
Broglies bølgelængde. Problemet var altså ikke at løse en ligning,
men at opfinde en ligning, der ville have de kendte eksperimentelle
resultater som løsning.

Efterfølgende ville problemet naturligvis være at fortolke, hvorfor man skulle løse netop denne og ikke alle mulige andre ligninger. Missionen lykkedes, og her er ligningen, som Schrödinger, stærkt inspireret af bølgeligningerne for lys og lyd, skrev ned i 1926:

$$i \hbar \, \partial\Psi/\partial t = -\hbar^2 \, (\partial^2\Psi/\partial x^2 + \partial^2\Psi/\partial y^2 + \partial^2\Psi/\partial z^2)/2m + V\Psi$$

Schrödingers ligning er unægtelig mere kompliceret end Newtons 2. lov. Men bemærk, at den har de samme matematiske ingredienser i sig og faktisk kun ser en lille smule sværere ud end ligningen for den svingende streng!

Schrödinger forsøgte sig naturligvis først med at løse ligningen for en elektron i brintatomet og den tilhørende potentielle energifunktion mellem ladede partikler på V'ets plads i ligningen. Han fandt en række løsninger, hvis funktionsværdier i rummet varierer med en enkelt fælles svingende faktor, og opdagede, at de tilhørende svingningsfrekvenser efter multiplikation med Plancks konstant netop var de eksperimentelt fundne energier. Ligesom Heisenbergs abstrakte matrixmekanik havde Schrödingers abstrakte bølgeligning givet løsninger med talværdier, der passede med de eksperimentelle observationer. Men løsningerne af Schrödingers ligning er ikke, som i Bohrs teori, baner for en partikel i kredsløb om atomkernen, men forskellige bølgefunktioner, der hver især udgør rumligt fuldstændigt delokaliserede matematiske objekter. Bølgefunktionens talværdier bliver meget små, når man fjerner sig langt væk fra atomkernen, og den laveste energitilstand, som i Bohrs teori er en cirkelbane med den såkaldte Bohr-radius, $a_0 = 0,52 \cdot 10^{-10}$ m, er i Schrödingers teori beskrevet ved en bølgefunktion, hvis værdi er størst på kernens plads, og som er aftaget med en faktor 10 i en afstand af blot 2,2 Bohr-radier fra kernen.

For at illustrere løsningerne til Schrödingers ligning grafisk må man tegne tredimensionelle figurer, der antyder bølgefunktionens talværdier forskellige steder i rummet. Moderne computergrafik kan gøre det flot, men nedenfor vises et eksempel på 75 år gammel "computergrafik". Billederne viser formen på elektronens bølgemønster for mange forskellige løsninger – i alle billederne er kernen lokaliseret i midten af de symmetriske figurer. Motiverne er fremkommet ved at tage et billede med et åbent kamera af en

Schrödingers ligning

Fordi Schrödingers ligning er helt universel og har samme status i kvan-temekanikken, som Newtons 2. lov har i den klassiske mekanik, er det værd at beskæftige sig lidt med dens form, før vi går videre og ser på dens løsninger og konsekvenser.

Den ubekendte størrelse, som løsningen af ligningen giver kendskab til, kaldes bølgefunktionen og betegnes med det græske bogstav Ψ ("psi"). Formlen ser allerede svær ud, fordi den gør brug af et græsk tegn i stedet for et bogstav fra vores vanlige alfabet, men Ψ står altså ikke for noget mere (eller mindre) abstrakt end h eller f. Nu har man bare valgt at betegne bølgefunktionen med Ψ. Betegnelsen 'en funktion' betyder her, at Ψ repræsenterer forskellige talværdier overalt i hele rummet, hvor partiklen kan opholde sig.

Schrödingers ligning indeholder det imaginære tal "i" (kvadratroden af -1, se tidligere faktaboks), og Ψ's talværdier er derfor komplekse tal. Det gennemstregede h i Schrödingers ligning udtales "h-streg", og det er ikke en trykfejl, men en forkortelse for $h/2\pi$, en talkombination, som vi har mødt før.

Ligesom vi beskrev den svingende streng i kapitel 2 ved dens lokale udsving h(x,t), som antager værdier langs hele strengens længde, an-giver Schrödingers bølgefunktion Ψ(x,y,z,t) en talværdi på ethvert sted i rummet. Strengen er et endimensionelt objekt, og dens udsving er en funktion af en enkelt stedkoordinat, x, mens elektronen bevæger sig i rummets tre dimensioner, og Schrödingers bølgefunktion Ψ er derfor en funktion af tre stedkoordinater x, y og z. Hvis vi i kapitel 2 havde beskrevet et trommeskind i stedet for en streng, havde vi haft to led af formen $\partial^2 h/\partial x^2$ og $\partial^2 h/\partial y^2$, fordi trommeskindets krumning får det vand-rette træk til alle sider til at løfte eller sænke skindet. Ligesom strengens og trommeskindets bølgefunktioner afhænger den kvantemekaniske bølgefunktions værdier også af tiden, t.

Den stedafhængige potentielle energi V er den samme funktion af stedet som i den klassiske mekanik. Vi illustrerede tidligere den klassiske energis bevarelse ved en rutsjebanetur i Tivoli, hvor den potentielle energi stiger, når man kommer op på de højeste toppe på rutsjebanen, og denne energi frigives til kinetisk energi, bevægelsesenergi, når vognene ruller ned igen. På samme måde stiger elektronens potentielle energi, når den fjerner sig fra den tiltrækkende atomkerne.

Lighedstegnet mellem højre og venstre side af Schrödingers ligning låser, ligesom for den svingende streng, de tidslige og rumlige variationer til hinanden, så man med kendskab til bølgefunktionen og dens rumlige variation på et bestemt tidspunkt kan bestemme højresiden af ligningen og dermed regne ud, hvordan bølgefunktionen ændrer sig i tid. Heraf kan man så beregne dens værdier overalt i rummet kort tid senere, og lidt senere og så fremdeles ud i fremtiden, på samme måde som man kan løse Newtons bevægelsesligning. Det er dog teknisk meget sværere i kvantemekanikken, fordi man i hvert lille tidsskridt skal løse en ligning for Ψ's værdier overalt i rummet.

Schrödingers ligning er på en måde en abstrakt matematisk version af udtrykket for den klassiske energi, som vi mødte tidligere, $E = \frac{1}{2} mv^2 + V$, hvori man erstatter energien E med i ħ·"ændring per tid" og den klassiske impuls $p = mv$ med -i ħ·"ændring per sted" og derefter opfatter disse ændringer som formelle operationer, dvs. som noget, man skal regne ud for den matematiske funktion, Ψ. Denne abstrakte sammenhæng mellem det klassiske udtryk for energien og Schrödingers ligning er ikke bare en bekvem "huskeregel" for fysikere, men en generel mekanisme, der har vist sig at fungere, når vi oversætter klassiske teorier til deres tilsvarende kvantemekaniske formulering. Det er også denne direkte oversættelse, der gør, at de to teorier på visse skalaer giver sammenlignelige resultater, som Bohr krævede det i sit korrespondensprincip.

roterende tilskåret papfigur, så den samlede eksponering af filmen på et givet sted svarer til værdien af Schrödingers bølgefunktioner.

Borns fortolkning af bølgefunktionen, interferens

Det er en radikal ændring af den klassiske mekaniks begrebsapparat at erstatte en elektron i satellitbane om atomkernen med en matematisk bølgefunktion, og det optog fysikerne meget at forstå konsekvenserne af denne nye beskrivelse. Schrödingers ligning giver løsninger, der svinger med de rette frekvenser, men hvad er det for en fysisk størrelse, der beskrives af bølgefunktionen Ψ's talværdier forskellige steder i rummet?

Tyskeren Max Born anvendte i 1926 Schrödingers ligning på spredningsproblemer, hvor en partikel ikke er i bane omkring en anden partikel, men kommer ind fra stor afstand og kolliderer med

ILLUSTRATION 11. ELEKTRONENS BØLGEFUNKTION I BRINTATOMET

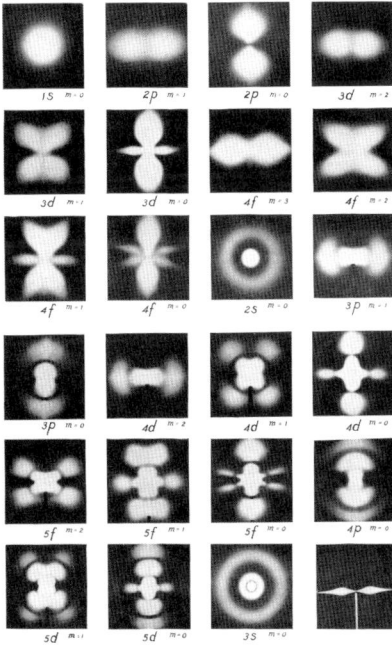

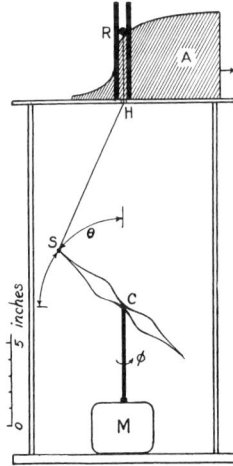

den, idet kræfterne imellem dem får dem til at flyve i forskellige retninger efter kollisionen – et arbejde af enorm betydning, tænk blot på Rutherfords spredningseksperiment, som lærte os om atomets opbygning. I stedet for et klassisk banebillede som billardkugler, der støder imod hinanden, fås i bølgebilledet en oprindeligt nogenlunde lokaliseret bølgefunktion, som efter sammenstødet udbreder sig i alle retninger, idet talværdierne i funktionen formindskes svarende til en røgsky på himlen, der fortyndes mere og mere, i takt med at den breder sig i forskellige retninger væk fra skorstenen. I en fodnote i sin artikel skrev Max Born, at kvadratet på bølgefunktionen, skrevet $|\Psi|^2$, naturligt kan fortolkes som *sandsynligheden* for at træffe partiklen de forskellige steder i rummet[2].

---

2 Dette er nok en af fysiklitteraturens vigtigste og mest pudsige fodnoter: I selve artiklen skriver Max Born, at den kvantemekaniske bølgefunktion Ψ

Kender man kun sandsynligheden for, hvor en partikel træffes i rummet, og tilsvarende sandsynligheder for størrelsen af dens hastighed, kan man ikke umiddelbart forudse resultatet af et enkelt eksperiment, men man kan beregne gennemsnitsværdier for resultatet af rigtig mange målinger af alle mulige målbare fysiske størrelser, der kan udtrykkes ved stedet og hastigheden. Ved få forsøg ses naturligvis tilfældige uoverensstemmelser, men spredningsforsøg med stråler med milliarder af partikler tillader en direkte sammenligning mellem de målte og de teoretisk bestemte værdier, og den slående overensstemmelse ved utallige eksperimenter har til fulde bekræftet gyldigheden af Schrödingers ligning og Borns fortolkning (se figur 12).

Borns fortolkning var på den ene side meget tilfredsstillende, fordi den gav den abstrakte bølgefunktion en fysisk mening som sandsynlighed, men den udstillede på den anden side et bekymrende aspekt ved teorien: Den kommer ikke med præcise forudsigelser for hvert enkelt eksperiment, men kan kun give sandsynligheder for forskellige måleresultater. Selvom vi nu har lukket katten ud af sækken og er begyndt at tale om tilfældige måleresultater, er det dog en vigtig pointe med disse afsnit at slå fast, at der ikke er usikre elementer i Schrödingers og Heisenbergs teorier, og at der ikke er tvivl om, hvad der skal regnes ud. Når bølgefunktionen skal fortolkes ved hjælp af sandsynligheder, betyder det ikke, at alt er tilfældigt: Hvis bølgefunktionen er nul eller meget lille et sted i rummet, er det helt sikkert, at man ikke vil se partikler der, og mere generelt er bølgefunktionens relative variation fra sted til sted meget nøje afspejlet i det tilsvarende relative antal partikler, man vil registrere i et eksperiment.

Et meget karakteristisk fænomen forbundet med bølger kaldes interferens: Bølger kan udslukke og forstærke hinanden, afhængigt af om bølgetoppene for to bølger er sammenfaldende, eller om den ene bølges toppe falder sammen med den anden bølges dale. Ifølge Borns fortolkning skulle denne interferens af bølgefunktionen føre til, at elektroner eller andre partikler i eksperimenter skulle detek-

---

giver sandsynligheden, men i fodnoten kommenterer han, at en mere præcis vurdering angiver, at det er kvadratet, $|\Psi|^2$, der giver sandsynligheden for at træffe partiklen det pågældende sted i rummet.

ILLUSTRATION 12. BØLGEFUNKTIONEN OG BORNS FORTOLKNING

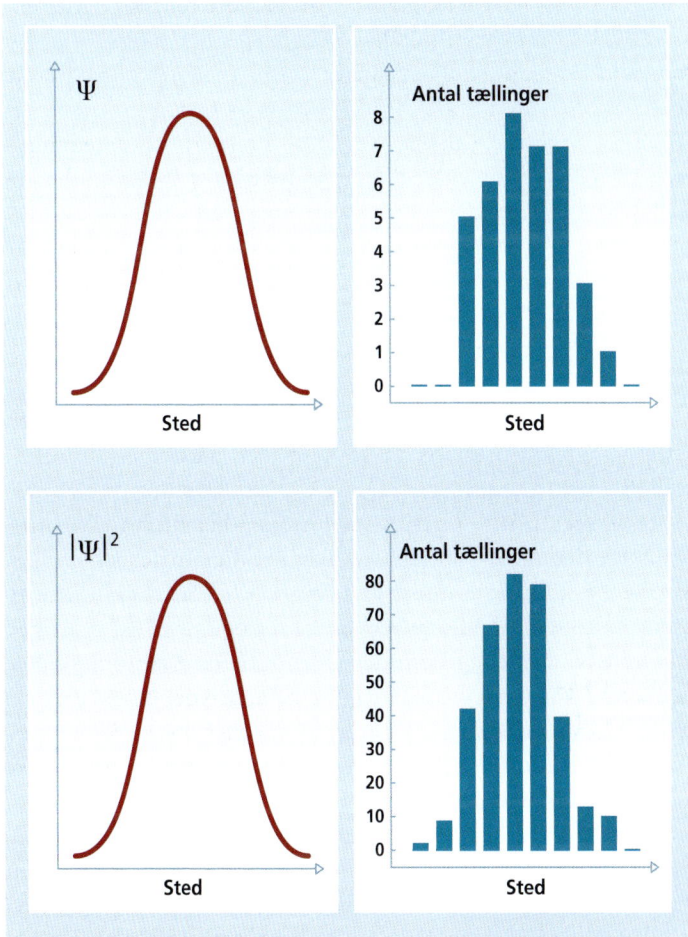

teres i de tilsvarende interferensmønstre. Et sådant fænomen blev observeret i 1927 ved et eksperiment med elektroner udført af de to amerikanske fysikere Clinton Davisson og Lester Germer, og det blev et afgørende indicium for gyldigheden af bølgebeskrivelsen. I Davissons og Germers forsøg blev elektroner med kendt hastighed skudt imod et krystalmatcriale, hvor atomerne sidder i en regulær

ILLUSTRATION 13. ELEKTRONDIFFRAKTION PÅ KRYSTAL

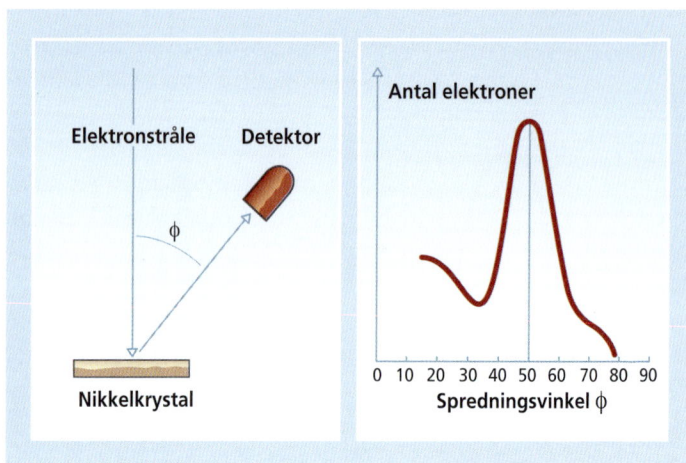

gitterstruktur. Elektroner spredes normalt i alle retninger ved kollision med de forskellige atomer, men hvis de spredes som bølger, skal vi forestille os, at de spredte bølger, der udgår fra forskellige atomer i krystallen, interfererer – dvs. sammenfaldende bølgetoppe forstærker hinanden, og sammenfaldende bølgetoppe og bølgedale udslukker hinanden – afhængigt af de Broglie-bølgelængden og den vinkel, som man iagttager elektronerne i. Som skitseret på figuren, der illustrerer eksperimentet i 1927 med elektroner, der spredes på en nikkel-krystal, er der konstruktiv interferens (hvor bølgefunktionens forskellige dele forstærker hinanden) i en retning på 50 grader i forhold til krystallens overflade, og netop ved den vinkel sås det maksimale antal spredte elektroner.

Denne type eksperiment er velegnet til bestemmelse af afstande mellem atomer i faste stoffer og til studiet af materialers overfladeegenskaber. Overfladefysikere gør i dag i vid udstrækning brug af elektronbølgers interferens til at "se" strukturer, der er så små, at de umuligt kan opløses med lysbølgelængder, som typisk er flere tusinde gange større end elektronens de Broglie-bølgelængde.

"Knabenphysik"

En række fremtrædende unge forskere med kendskab til den moderne matematik kastede sig med stort talent og stor energi over kvanteteorien. Werner Heisenberg var i 1925 kun 23 år gammel og stort set jævnaldrende med både Paul Dirac, 22 år, Louis de Broglie, 22 år, Wolfgang Pauli, 25 år og flere andre, der alle fik væsentlig betydning for udviklingen af kvanteteorien. På grund af deres ekstremt unge alder talte man om "Knabenphysik", "drengefysikken". Erwin Schrödinger var hele 37 år gammel, men besad en særlig ungdomskilde[3].

Schrödingers bølgefunktion havde erstattet den klassiske partikels bane med en mere diffus, udbredt, bølgebevægelse, mens Heisenbergs matricer erstattede de klassiske talværdier for de fysiske egenskaber, sted og impuls, med matricer, som er mere avancerede matematiske objekter med "usædvanlige gangeregler". Det kan jo være lige så slemt at have to konkurrerende teorier, der beskriver et fænomen, som slet ingen, og heldigvis kunne Schrödinger allerede i 1926 bevise, at bølge- og matrixbeskrivelsen er matematisk ækvivalente. Vi taler i dag om Heisenberg- og Schrödinger-billedet i kvantemekanikken, og i praktiske anvendelser udnytter man, at det første billede har mere fokus på de observerbare fysiske frihedsgrader som sted og hastighed, mens det andet billede har mere fokus på det fysiske systems tilstand.

Ligheden mellem de to teorier ligger i den indsigt, at løsninger til Schrödingers bølgeligning kan skrives som en sum af standardløsninger, og at man i stedet for at angive bølgefunktionens talværdier overalt i rummet kan angive, hvor store bidrag fra hver enkelt standardløsning der indgår i en given bølgefunktion. Disse vægtfaktorer kan indsættes i tabeller med de samme dimensioner som Heisenbergs matricer, og de to billeder smelter herved sammen til et. Det er i øvrigt kun muligt at opfylde Heisenbergs gangeregel, hvis matricerne for sted og impuls har uendeligt mange rækker og

---

3 Schrödinger siges at have lavet sin berømte ligning under en weekend-tur i alperne med sin elskerinde. Han flyttede senere til Dublin, hvor han vakte røre i det konservative, irske borgerskab ved at bo sammen med både sin kone og sin faste elskerinde og ved på skift at tage dem med til officielle arrangementer, samtidigt med at han i øvrigt plejede et antal udenomsaffærer.

uendeligt mange søjler. Den matematiske teori for sådanne uendeligt store rum af løsninger, Hilbertrumsteorien, var ved fremkomsten af kvantemekanikken i 1925-26 kun få år gammel og er et forunderligt eksempel på den etablerede matematiks helt utrolige effektivitet ved beskrivelsen af kvantefysikken, som den slet ikke var udtænkt til at bidrage til.

Al den tunge matematik gør kvantemekanikken svær, og når vi er gået så vidt her i diskussionen af det matematiske grundlag for kvanteteorien, er det, fordi vi står over for at skulle beskrive nogle konsekvenser af teorien, som kan virke mystiske, unaturlige og ligefrem foruroligende. Kvantemekanikken er en forunderlig teori med mærkværdige fysiske konsekvenser, men der er tale om en helt veldefineret matematisk teori uden behov for påkaldelse af yderligere ukendte ingredienser. Kvanteteorien er matematisk set lige så definitiv og præcis som den klassiske mekanik og elektrodynamikken, og teoretiske fysikere ved til ethvert tidspunkt, præcis hvordan teorien håndteres, og hvordan man med de udførte beregninger kan komme med præcise forudsigelser.

Schrödingers ligning kan løses for vilkårlige vekselvirkninger mellem vilkårlige partikler, hvis man bare indsætter den relevante potentielle energifunktion, og ligningen blev straks anvendt på en række problemstillinger, hvor den i hvert enkelt tilfælde gav gode resultater.

Projektion og kollaps af bølgefunktionen

Schrödinger påviste ligheden mellem sin egen bølgebeskrivelse og Heisenbergs matrixmekanik ved at skrive bølgefunktionen som en sum af "standardfunktioner" og lade vægten på hver af disse funktioner indgå som tal i tabeller eller matricer.

Lad os illustrere, hvordan det hænger sammen, med et eksempel. På figuren (illustration 14) viser den røde kurve bølgefunktionen for en elektron, der kan bevæge sig frem og tilbage i en kasse. Bølgefunktionen er i dette eksempel givet en vilkårlig facon, svarende til at en eksperimentator har forberedt en situation, så partiklen har den viste sandsynlighed forskellige steder i rummet. I illustrationerne for neden vises de stationære løsninger til Schrödingers ligning, svarende til tilstande med given energi og til bølger med forskellige hele antal de Broglie-bølgelængder i over-

ILLUSTRATION 14. BØLGEFUNKTION SOM SUM AF STANDARDFUNKTIONER

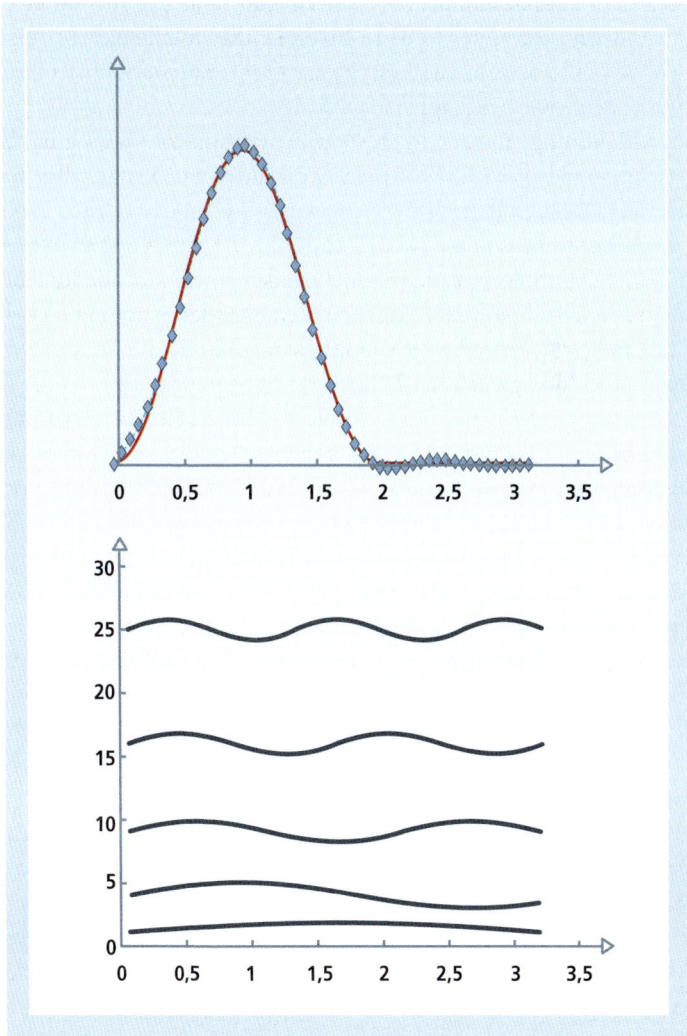

ensstemmelse med Bohrs og Sommerfelds kvantiseringsbetingelse.

Energiernes værdier er angivet ved den lodrette position, som bølgefunktionerne smyger sig omkring. Det er et vigtigt resultat af den matematiske analyse, at en helt vilkårlig bølgefunktion, som den vi viser for oven, kan "bygges" ved hjælp af de stationære egensvingninger, der er vist: Tages for eksempel den laveste energitilstand med funktionen Ψ_1 og adderes lidt af den næstlaveste energitilstands bølgefunktion Ψ_2, vil de to funktioner delvist ophæve hinanden i den højre del af kassen, hvor Ψ_2 er negativ. Man kan justere videre på resultatet ved at tilføje bidrag proportionale med Ψ_3 og de øvrige højere svingningstilstande. De blå symboler på den øverste graf viser således en passende vægtet sum, $0{,}7125 \cdot \Psi_1 + 0{,}6512 \cdot \Psi_2 + 0{,}0974 \cdot \Psi_3 - 0{,}2066\, \Psi_4 - 0{,}1241 \Psi_5$, som tilsammen er meget tæt på at give den ønskede klokkeformede bølgefunktion.

En partikels position kan registreres alle steder inden for det interval, hvor den opholder sig, og kaldes derfor en kontinuert variabel: Har man en værdi af x, kan man fortsætte (engelsk: continue, latin: continuare) bevægelsen et vilkårligt lille stykke videre. Energien af en elektron i en kasse og i Bohr-atomet kan derimod kun antage bestemte værdier og kaldes en diskret variabel – og det betyder ikke, at den går stille med dørene, men at de tilladte værdier er adskilte (engelsk: discern, latin: discernere) af mellemrum, hvor der ikke findes tilstande.

På samme måde som Borns fortolkning har forbundet Schrödingers bølgefunktion med sandsynligheden for at træffe partiklen forskellige steder i rummet, kan man spørge, hvad sandsynligheden er for at træffe partiklen med en bestemt energi. Svaret er givet ved kvadratet på de talværdier, vi benytter, når vi skriver bølgefunktionen som en sum af energitilstandenes bølgefunktioner, og i eksemplet ovenfor fås de mulige energier altså med sandsynlighederne $p_1 = 0{,}7125^2 = 0{,}5077$, $p_2 = 0{,}6512^2 = 0{,}4241$, osv. De fem fremkomne sandsynligheder adderer ikke helt til 100 %, fordi der er en ganske lille sandsynlighed for at måle endnu højere energier af partiklen end dem, vi har skitseret i figuren.

Det var helt fra starten kvanteteoriens formål at forklare de helt bestemte observerede energier i atomerne. Det lykkedes, og samtidig fik vi en teori for bevægelse, der forklarer, at man kan observere alle mulige stedkoordinater med de sandsynligheder, som gives af bølgefunktionen. Energi og sted er i den klassiske teori begge kontinuerte variable. Det vil sige, at de kan antage alle mulige værdier, og for eksempel kan de altid øges med en vilkårlig lille ændring. I kvantemekanikken er stedkoordinaten stadig en kontinuert variabel, mens energien af den bundne elektron kun kan antage bestemte, diskrete, værdier.

Alt dette er beskrevet ved en og samme matematiske formalisme, nemlig Schrödingers ligning. Har vi kendskab til bølgefunktionens værdier overalt i rummet, mens vi egentlig ønsker sandsynlighederne for at måle værdien for en bestemt anden egenskab ved systemet udtrykt ved tilladte diskrete eller kontinuerte værdier, er vi nødt at skrive den aktuelle bølgefunktion som en sum af funktioner, som svarer til bestemte værdier af den pågældende egenskab, ligesom vi lige gjorde for energien. Koefficienterne i denne sum giver derefter sandsynlighederne for de forskellige måleresultater.

Eksperimenter viser generelt, at udfaldet af en hurtig kontrolmåling på et kvantesystem giver det samme resultat som den oprindelige måling. Da resultatet af den første måling har et tilfældigt resultat givet ved bølgefunktionens værdier, mens efterfølgende målinger med sikkerhed giver det samme resultat, er systemet før de gentagne målinger altså ikke beskrevet ved den oprindelige bølgefunktion. Bølgefunktionen ændrer sig altså på en bestemt måde i løbet af en måling. En bølgefunktion, som før en måling kan skrives som en vægtet sum af forskellige standardløsninger svarende til bestemte værdier af den målte egenskab, bliver ved en måling til præcis den af disse standardløsninger, der svarer til den tilfældigt målte værdi. Man siger, at bølgefunktionen bliver projiceret på den pågældende tilstand – eller mere dramatisk, at der sker et "kollaps" af bølgefunktionen. Dette såkaldte projektionspostulat sikrer, at man altid ved hurtigt gentagne målinger på samme kvantemekaniske system vil få samme resultat.

Atomer i et magnetfelt, spin

En af styrkerne ved Bohrs atommodel var, at elektronbanen om kernen ligesom strømmen i en lille elektromagnet får atomet til at opføre sig som en magnetnål, og teorien kunne derfor forklare, hvordan atomets energi ligesom en magnetnåls energi vil variere, hvis man anbringer det i forskellige retninger i forhold til et magnetfelt. Med kvantemekanikken er den simple cirkelstrøm afløst af en bølgefunktion, hvor man dog stadig kan forestille sig en slags strømningsbillede for elektronens sandsynlighedstæthed omkring kernen. Man får altså igen en effekt på energien. Den atomare magnetnåls energi er imidlertid en diskret fysisk variabel og kan kun antage bestemte værdier, som om magnetnålens retning kun kan antage bestemte vinkler i forhold til magnetfeltets retning. Denne egenskab ved elektronbevægelsen om kernen svarer til det klassiske såkaldte impulsmoment, en størrelse, som ofte er bevaret i et mekanisk system og forklarer, hvordan en spindende top holder balancen, og hvordan en skøjteløber roterer hurtigere og hurtigere, når hun trækker armene ind mod kroppen eller op over hovedet. Impulsmomentet er jævnfør vores skelnen på side 62 en diskret frihedsgrad i kvantemekanikken.

Man havde også indset, at de foretrukne elektronbaner i atomet alene ikke var nok til at forstå de observerede energier af atomer i magnetfelter, et problem, der dog løstes af to hollandske studerende, Samuel Goudsmit og George Uhlenbeck. De foreslog, at man tildelte elektronen en "indre magnetnål", et såkaldt spin, som om den i sin bane rundt om kernen samtidig snurrer rundt om sin egen akse (ligesom Jorden snurrer om sin akse, så det bliver nat og dag, mens den kredser en omgang i en bane omkring Solen på et år). Bohr mente, at dette forslag var "meget interessant", en vending han typisk brugte om forslag, han mente var forkerte! Hans skepsis skyldtes, at den magnetiske vekselvirkning mellem elektronens spin og atomkernen syntes alt for lille til at forklare de målte energivariationer. Da Einstein påpegede, at elektronen fra sit synspunkt ser den positivt ladede kerne suse omkring sig svarende til en elektrisk strøm, og at den derfor ser den samme kraft, som Ørsted havde konstateret mellem magneter og strømme, blev Bohr imidlertid overbevist. Ved at antage, at elektronens spin er kvantiseret og kun kan antage to projektioner, langs med eller modsat en given retning, kunne man forklare de atomare spektre i magnetfelter.

Begrænsningen af impulsmomentet til de specielle diskrete værdier medfører, at man altid vil måle netop disse tilladte værdier. Det indebærer, at sender man en strøm af atomer med tilfældigt pegende magnetnåle igennem et område i rummet, hvor de "føler" en kraft proportional med for eksempel nålens lodrette projektion, vil de ikke blive spredt ud i en vifte af retninger svarende til alle mulige værdier af denne kraft, men kun i retninger, der svarer til de tilladte diskrete værdier af det kvantemekaniske impulsmoment. Præcis sådan et eksperiment var blevet udført af de tyske fysikere Otto Stern og Walther Gerlach i 1922, hvor en stråle af sølvatomer havde delt sig i netop to stråler ved passage af et kompliceret magnetfelt. Projektionspostulatet sikrer, at magnetnålens retning er lagt fast fremover, når atomets magnetnål først er blevet "målt", og atomet er begyndt at følge en bestemt strålebane. Strålen deler sig ikke yderligere, og der vil derfor kun komme en deling af atomstrålen i to.

Heisenbergs usikkerhedsrelation

Heisenberg satte i 1927 sandsynlighedsbeskrivelsen yderligere i relief, idet han viste, at det ikke blot sker en gang imellem, at man har udstrakte bølgefunktioner med sandsynlighedsbeskrivelsen til følge, men at vi i kvantemekanikken aldrig vil være i en situation, hvor vi både kan forudsige måleresultatet for en partikels position og dens hastighed. Vi har fra Borns fortolkning allerede indset, at en bølgefunktion, der er bredt ud over et større område, efterlader stor usikkerhed om, hvor man træffer partiklen. På tilsvarende vis er det den rumlige stejlhed af bølgefunktionen, der afgør impulsindholdet af en tilstand, og det ses udtrykt i Schrödingers ligning, hvor den kinetiske energi er erstattet med bølgefunktionens variation som funktion af stedet. Da en meget smal stedfordeling må stige meget skarpt, betyder det et stort energi- og impulsindhold og derfor tilsvarende større usikkerhed vedrørende impulsens præcise værdi. Lader vi Δx og Δp betegne typiske afvigelser i sted og impulsværdierne, viste Heisenberg, at usikkerhedsrelationen gælder for alle valg af bølgefunktioner:

$$\Delta x \ \Delta p \geq \hbar/2$$

Usikkerhedsrelationen siger, at det ikke bare er ved særligt uheldige valg af tilstande, man ikke kan forudsige måleresultater: Det er en fundamental egenskab ved den kvantemekaniske beskrivelse, at der for alle tilstande vil være fysiske størrelser, som kan måles, men hvor den målte værdi ikke kan forudsiges på basis af bølgefunktionsbeskrivelsen.

Der findes endnu en Heisenberg-usikkerhedsrelation, som vedrører usikkerheder i energi og tid:

$$\Delta E \ \Delta t \geq \hbar/2$$

Denne ulighed har ikke samme status som usikkerhedsrelationen for en partikels sted og impuls. Tidens gang er ikke et kvantemekanisk fænomen, og kvantemekanikken efterlader ikke usikkerhed om, hvad klokken er[4]. Hvis man imidlertid forestiller sig, at en fysisk egenskab markerer tidens gang, det kunne for eksempel være svingningen af et pendul fra side til side, så vil et kvantesystem i en tilstand med veldefineret energi være dårligt til at angive tiden. Det vil det være, eftersom den udbredte rumlige sandsynlighedsfordeling for pendulet ikke varierer med tiden, mens tilstande, der involverer flere forskellige værdier for energien, vil udvikle sig med tiden, og jo flere forskellige energikomponenter, der er i brug, jo kortere tidsintervaller kan vi bestemme med vores kvanteur.

Kvantemekanik og klassisk mekanik

Hvis verden er korrekt beskrevet ved kvantemekanikken, hvordan kan den klassiske mekanik så nogensinde give rigtige resultater? Det vil jeg kort svare på her.

Den kvantemekaniske bølgeligning beskriver helt generelle bevægelsesproblemer, idet alle partiklers bølgefunktioner følger ligningen, når man indsætter deres masse og de kræfter, der påvirker dem. Men så bør den jo også beskrive bevægelsen af dagligdags objekter og derfor også den slags bevægelse, som vi i århundreder har beskrevet fuldt tilfredsstillende med Newtons mekanik. Det var netop det argument, Bohr benyttede i 1913 i sit korrespondensprincip, men virker det også i forhold til bølgebeskrivelsen? I så fald skal løsningerne til Schrödingers ligning udtrykke den samme fysik som de klassiske løsninger, mens karakteristiske bølgefænomener som interferens skal forsvinde, hvis man kigger på større objekter.

---

4 Moderne teorier spekulerer i at udlede rummets og tidens egenskaber af en mere avanceret teori, men i kvantemekanikken, som vi beskriver her, antages rummet og tiden, ligesom i den klassiske mekanik, at være det "koordinatsystem", hvori vores fænomener foregår.

Hvordan kan en bølges udbredelse ligne en partikels rejse gennem rummet? Det kan den, hvis man husker, at bølgefunktionen på ethvert givet sted angiver sandsynligheden for at træffe partiklen netop der ved en måling. Østrigeren Paul Ehrenfest viste matematisk, at Schrödingers ligning medfører, at middelværdien af en kvantemekanisk partikels position, dvs. gennemsnittet af de mange mulige positioner vægtet med bølgefunktionens sandsynligheder, ændrer sig med en rate, der netop er middelværdien af den kvantemekaniske hastighed, og at denne middelhastighed ændrer sig med en rate, der netop er middelværdien af kraften divideret med legemets masse. Dette er næsten ligesom i den klassiske mekanik, men ikke helt, idet en bølgefunktion kan være så rumligt udstrakt, at middelkraften er langt fra at antage den variation af værdier, som en klassisk rejsende partikel vil mærke, når den passerer særligt stejle ændringer i potentialet. Husker man, at impulsen, p, i Heisenbergs usikkerhedsrelation er produktet af partiklens masse og dens hastighed, er det dog ikke svært at vise, at bølgefunktionen for en meget tung partikel kan være meget vellokaliseret, og derfor vil middelværdien af kraften på partiklen være tilbøjelig til at antage de samme værdier som for en klassisk partikel, og så vil sandsynlighedsfordelingen følge den samme bane, som Newtons 2. lov foreskriver for den klassiske partikel.

Lad os se på de tal, der indgår i Heisenbergs usikkerhedsrelation, $\Delta x \, \Delta p > \hbar/2$. Talværdien for $\hbar$ er 10^{-34} m kg m/s, et "astronomisk lille" tal, som betyder, at tager jeg et legeme med en masse på 1 kg og antager, at jeg for eksempel kender dets position med en præcision på 10^{-10} m (svarende til størrelsen af et enkelt atom), er den kvantemekaniske usikkerhed vedrørende dets hastighed mindre end 10^{-24} m/s. Uanset hvordan jeg fordeler den kvantemekaniske usikkerhed mellem sted og impuls, bliver den for et 1 kg lod (ja, faktisk også for et milligram tungt lod) frygteligt lille, og kvanteeffekter forekommer derfor at være helt uden betydning. Det betyder ikke, at kvanteteorien er forkert for et 1 kg tungt lod, men det betyder, at den klassiske mekanik bliver næsten eksakt for store objekter, fordi de to teoriers resultater ikke adskiller sig fra hinanden.

Lad os i stedet se på elektronen, der har en masse på cirka 10^{-30} kg og en laveste tilstand i brintatomet, der strækker sig ud over cirka 10^{-10} m. For dette problem kræver Heisenbergs usikkerhedsrelation,

ILLUSTRATION 15. PARTIKELBANE OG BØLGE-"BANE"

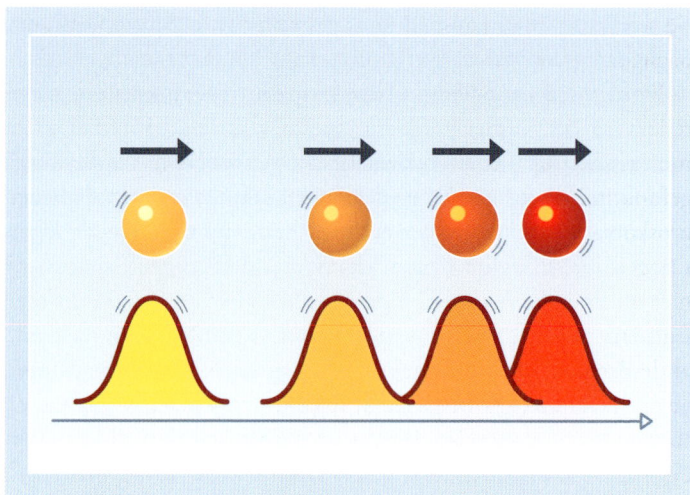

at elektronens hastighed er i omegnen af enorme 1000 kilometer per sekund, som faktisk ikke er langt fra hastigheden i den inderste Bohr-bane. En klassisk beskrivelse af denne bevægelse er ikke meningsfuld, da den udbredte rumlige fordeling rækker over et område, så elektronen samtidig oplever store kræfter tæt på kernen og svagere kræfter i større afstand fra kernen.

Fysikere har altså en effektiv måde at vurdere på, om bevægelse skal beskrives kvantemekanisk, eller om man vil få de samme resultater ved at benytte den meget simplere klassiske fysik. Det er også muligt at løse visse problemer med en semi-klassisk (halvklassisk) beskrivelse, hvor man foruden den klassiske fysiks baner benytter Bohrs og Sommerfelds (og de Broglies) argumenter og med stor præcision, men ikke helt eksakt, kan redegøre for de kvantemekaniske løsninger til et givet problem.

Der er en hage ved ovenstående argument, idet vi benyttede Heisenbergs usikkerhedsrelation til at argumentere for, hvor lille usikkerheden *kan* blive, og hvordan det fører til overensstemmelse mellem kvantefysikken og den klassiske beskrivelse. Usikkerhedsrelationen siger ganske rigtigt noget om, hvor små usikkerhederne må blive, men de leder ikke til nogen begrænsning af, hvor store de kan være. Ifølge kvantemekanikken kan selv tunge objekter altså godt være beskrevet med meget udstrakte bølger, og man må spørge sig selv, om dette fænomen så ikke burde have været observeret i dagligdags fænomener.

Skulle man for eksempel ikke have set tæthedsvariationer, der reflekterer de Broglie-bølgelængden for partiklen, som i kvantemekanikken optræder som en karakteristisk bølgelængde i bølgefunktionens form? Der er flere grunde til, at man ikke ser makroskopiske objekter udvise bølgeadfærd, og i de følgende afsnit i bogen om fortolkningen af kvantemekanikken skal vi se, hvor meget denne diskussion allerede på et tidligt tidspunkt optog Bohr, Einstein, Schrödinger og mange flere. Lad os blot her minde om, at de Broglie-bølgelængden er $\lambda = h/p$, og med $p = mv$ og en tung partikel bliver denne bølgelængde og derfor også de mulige interferensstriber så små, at de ikke kan skelnes fra hinanden. Tager vi for eksempel et lod med en masse på et milligram (en tusindedel gram) og antager, at det ligger så stille, at det bevæger sig mindre end en millimeter på et år, bliver de Broglie-bølgelængden, $\lambda = h/p$, stadig mindre end 10^{-16} m, og det er altså mindre end kernen i et atom. Vi vil ikke kunne se, om sandsynligheden for at træffe partiklen et sted i rummet varierer på så lille en skala.

KAPITEL 5

KVANTEMEKANIKKENS FORTOLKNING

Spiller Gud terninger?

Kvantemekanikken udgør et fundamentalt brud med den klassiske fysik. I stedet for som Newtons mekanik at beskrive et legemes bevægelse nøjagtigt ved at angive talværdier, dvs. koordinater, for dets position i rummet og deres variation med tiden benyttes i kvantemekanikken bølgefunktionen Ψ, som på samme tid antager større eller mindre talværdier alle steder i rummet, og som, ifølge Borns fortolkning, ikke siger noget definitivt, men højest tildeler legemet en sandsynlighed for at blive registreret forskellige steder i rummet.

Sandsynligheder er blandt de vanskeligste emner at forstå i matematikken. Vi kan nok godt forstå, at man ved gentagne kast med en terning slår en sekser i cirka en sjettedel af kastene, og at chancen for tilfældigvis at slå en sekser i et enkelt kast derfor med rimelighed kan tilskrives sandsynligheden 1/6, men hvad betyder det, når vejrudsigten giver 30 % chance for regn den følgende dag? Enten bliver det regn, eller også gør det ikke, og vi kan ikke "spille" dagen om et stort antal gange ligesom terningkast! At man faktisk kan sætte tal på sandsynligheden for ting, der kun får chancen for at ske en enkelt gang, ser vi, når bookmakere tilbyder væddemål om alt fra udfaldet af boksekampe til prinsessenavne. Terningkast, regnvejr og navnet på en ny prinsesse er alle eksempler på fænomener, hvor sandsynlighedsbeskrivelsen forsøger at tage hensyn til, at man ikke har adgang til alle relevante fakta. Man kan vende tingene på hovedet og sige, at hvis der er muligheder, man ikke bestemt kan udelukke, må selv de mest usandsynlige udfald tilskrives en vis usikkerhed, og indtil vi bliver klogere, har vi kun sandsynlighedsbeskrivelsen.

Ved at indskrænke sig til kun at udtale sig om fysiske systemer, hvor alle kræfter er kendte, og hvor al information om systemet er til stede på et givet tidspunkt, er det den klassiske fysiks adelsmærke, at den er i stand til at forudsige præcist, hvad der sker i fremtiden. I den klassiske mekanik kan man for eksempel ved hjælp af Newtons 2. lov beregne, nøjagtig hvor en partikel vil bevæge sig hen, hvis man kender kræfterne og partiklens startposition og -hastighed. I kvantemekanikkens beskrivelse af simple systemer har vi også fuldstændigt kendskab til kræfterne, og vi har Schrödingers ligning for bølgefunktionens udvikling i tid, som vi kan løse, og dermed kan vi finde bølgefunktionen til vilkårlige senere tidspunkter. Men alligevel kan vi kun angive sandsynligheder og ikke forudsige det eksakte resultat af forskellige målinger i et eksperiment.

Einstein havde allerede i 1905 været skeptisk over for sin egen fotonbeskrivelse af lyset, fordi registreringen af fotonen ved løsrivelsen af en elektron og en efterfølgende kemisk proces et bestemt sted på en fotografisk film ikke tilfredsstillende redegjorde for, hvordan den elektromagnetiske bølge, som beskriver lysfeltet, indtil det detekteres, kan udvælge et bestemt sted for detektionen, og hvordan den samtidig skal kunne forsvinde alle andre steder i rummet.

Kvantemekanikkens beskrivelse af elektronen og alle andre partikler lider af præcis samme problem, og partikelbeskrivelsen, som træder frem ved detektion af lys og af partikler i kvantemekanikken, spiller simpelthen ikke godt sammen med bølgebeskrivelsen, som vi benytter til at beskrive deres udbredelse og bevægelse, indtil de detekteres.

Det er nærliggende at forestille sig, at sandsynlighedsbeskrivelsen skyldes, at der er ekstra information om systemet gemt et eller andet sted, som vi bare ikke kender til, og man kunne endda forestille sig, at mikroskopiske partikler i virkeligheden bevæger sig ad baner ligesom i den klassiske mekanik, men fordi vi ikke ved, hvilken bane eller hvor på en given bane partiklen starter, må vi ty til sandsynlighedsbeskrivelsen.

Bohr og Einstein stod helt fra starten fast på hver deres fortolkning af sandsynlighedsbeskrivelsen. Bohr accepterede det meget tidligt som et grundlæggende vilkår i kvantemekanikken, at fysiske størrelser som sted og hastighed ikke er velbestemte, og at der ved målinger registreres værdier, som ikke bare er ukendte, fordi den enkelte fysiker ikke "har fået det hele med", men som helt principielt ikke vil kunne forudsiges. Einstein ville ikke affinde

ILLUSTRATION 16. DETEKTION AF PARTIKEL

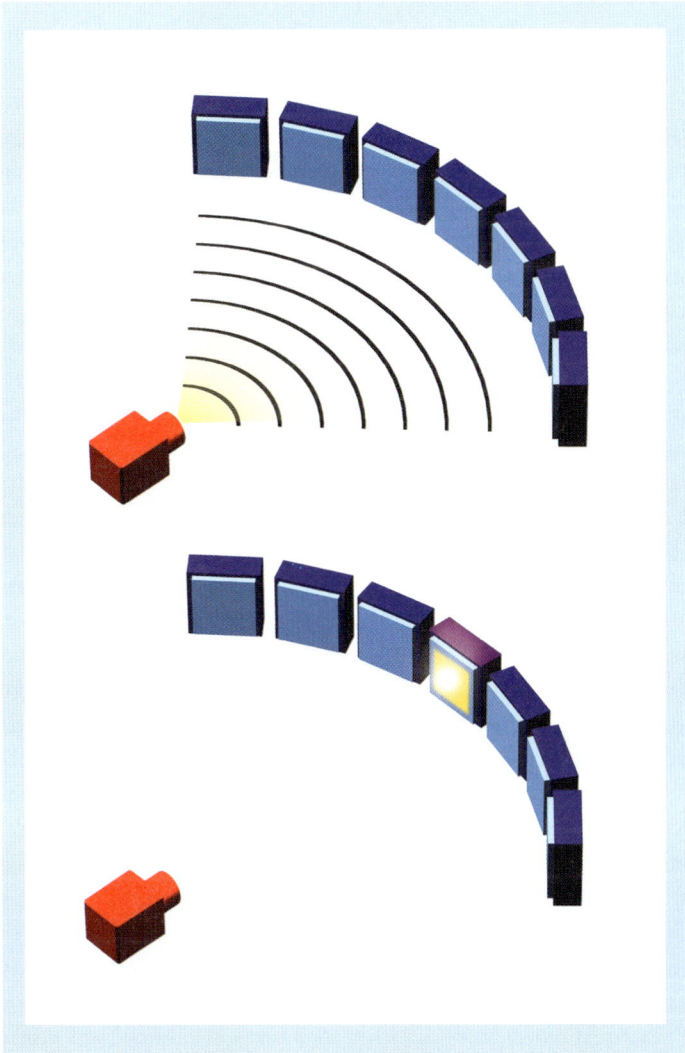

sig med – som han formulerede det – at "Gud spiller terning" om målinger i kvantemekanikken, og han arbejdede med den hypotese, at teorien blot manglede at tage hånd om og redegøre for de ekstra informationer om, hvor partiklen "virkelig er".

Schrödinger var helt på Einsteins side og var meget utilfreds med den rolle, tilfældigheder havde fået i teorien, og erklærede, at skulle der virkelig være hold i det tilfældige "kvantespringeri", fortrød han, at han nogensinde havde haft noget med teorien at gøre!

Diskussionerne mellem Bohr og Einstein fik en nærmest filosofisk karakter, der var usædvanlig i forhold til den måde, man plejede at diskutere og afgøre naturvidenskabelige spørgsmål på. Diskussionerne satte spørgsmålstegn ved selve begrebet fysisk virkelighed, og deres overvejelser blev en parallel til lignende klassiske overvejelser og diskussioner mellem de største filosoffer om virkelighedsbegrebet. Hverken i filosofien eller naturvidenskaberne kan man slå det rigtige svar op i en stor bog og se, hvem der har ret, men i enhver diskussion står man naturligvis svagt, hvis man benytter argumenter, der er i logisk modstrid med andre dele af ens egen teori. Og i fysikken har vi ydermere det ultimative krav, at en teori naturligvis ikke må være i modstrid med de eksperimentelle erfaringer. I en ti-årsperiode efter 1925 formulerede Bohr således en fortolkning af teorien, der perfekt undgik indre modsigelser, men til det formål måtte han drage så vidtgående konsekvenser, at det skulle rokke ved ikke blot fysikkens, men hele vores tænknings verdensbillede. Flere filosoffer, heriblandt danskeren David Favrholdt, som har beskæftiget sig indgående med Bohrs filosofiske tænkning, har beskrevet hans fortolkning af kvanteteorien som en af de største erkendelsesmæssige bedrifter i det 20. århundrede.

Først og fremmest var der dog tale om en diskussion om fysik mellem fysikere. Det er værd at erindre sig, at kvantemekanikkens domæne er den mikroskopiske verden, og at man i 1920'erne stod med en teori for atomets elektroner, der måske nok erstatter baneløsningerne til Newtons 2. lov med rumligt udstrakte bølgefunktioner, men i atomet er elektronbølgens udstrækning immervæk mindre end en milliontedel af en millimeter. Der er derfor næppe tale om et voldsomt brud med vores dagligdags beskrivelse af verden, blot fordi elektronen og andre mikroskopiske partikler opfører sig lidt usædvanligt på den skala! Det er svært at pege på områder i livets forhold uden for fysikken, hvor Bohrs indsigter har uomgængelig erkendelsesmæssig betydning, men godt hjulpet på vej af konstant skarpe udfordringer fra Einstein står begge aktørers bidrag som en milepæl for den intellektuelle evne til at bryde med vanetænkning. En evne, som gennem tiderne har drevet de store fremskridt i naturvidenskaberne frem.

Dobbeltspalte-eksperimentet

På de følgende sider vil vi opridse striden mellem Bohr og Einstein og et par af de udspekulerede såkaldte "tankeeksperimenter", de benyttede sig af for at udfordre hinandens synspunkter.

Einstein satte første gang måleproblemet i kvantemekanikken på spidsen med sit dobbeltspalte-eksperiment (illustration 17), som ikke var et rigtigt eksperiment, men et tænkt forsøg, hvor elektroner bliver sendt imod en plade med to huller og siden registreres på en skærm. I kvantemekanikken løses Schrödingers ligning, og vi beregner sandsynligheden for, hvor de enkelte elektroner rammer skærmen, ved at bestemme bølgefunktionen, som i området til højre i figuren fremkommer ved summen af to bidrag, der udgår som bølger fra hvert af de to huller i pladen. På samme måde som bølgerne bag ved to skibe, der sejler på en stille havoverflade, mødes og tilsammen danner et interferensmønster, ses også interferens af de kvantemekaniske bølger, og sandsynligheden bliver derfor moduleret i striber med høj og lav sandsynlighed, hvor elektronerne derfor i større eller mindre grad vil blive detekteret. Denne interferens er af samme type, som Davisson og Germer i 1927 så i elektronstråler spredt fra forskellige atomer i en krystal.

Borns sandsynlighedsfortolkning tilsiger, at man ved målinger på mange elektroner vil registrere et stribet mønster på grund af interferensen mellem de to bølgekomponenter, som tildeler hver enkelt elektron mulighed for både at gå gennem det ene og det andet hul. Einstein forsøgte nu med den tænkte opstilling at foretage en kritisk analyse af denne interferens set fra et partikel-synspunkt: Vil den enkelte elektron, når den rammer skærmen et givet sted, også kunne siges at være gået gennem det ene eller det andet hul i skærmen? Eller er den enkelte elektron, ligesom bølgefunktionen, gået gennem begge huller, og hvordan gør en partikel egentlig det?

I et brev til nogle kolleger beskrev fysikeren Paul Ehrenfest diskussionerne om dobbeltspalteforsøget ved Solvay-konferencen i Bruxelles i 1927 og skrev blandt andet om Einstein " … frisk hver morgen, som en trold af en æske med nye argumenter" og om Bohr,

ILLUSTRATION 17. EINSTEINS DOBBELTSPALTE
– ET TANKEEKSPERIMENT

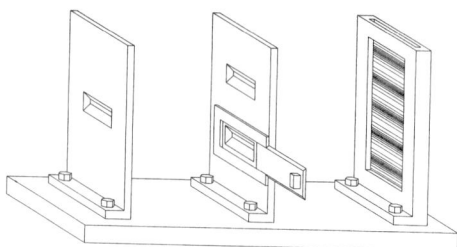

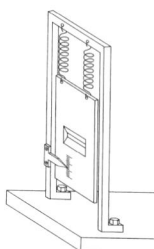

der " … altid rygende på sin pibe, ud af filosofiske røgskyer, knuste det ene argument efter det andet …". Einstein foreslog først, at man i tankeeksperimentet kunne afgøre, hvilken vej elektronen egentlig tog gennem pladen ved for eksempel at lukke det ene hul, men det blev straks forkastet af Bohr, idet man derved ville ændre på opstillingen og blot skabe en helt ny situation med en skærm med kun et hul, en tilhørende ny løsning til Schrödingers ligning og derfor naturligvis også en ny kvantemekanisk eksperimentel forudsigelse. Einstein ønskede naturligvis at undersøge, om man kan iagttage interferens, samtidigt med at man har sikker viden om, hvilken vej en partikel har fulgt gennem opstillingen. Han "sprang så op af æsken" med et forslag om at erstatte det nederste hul i pladen med en mindre, gennemhullet plade, ophængt i en fjeder, således at elektronen frit kunne passere gennem både det øvre og det nedre hul og dermed have mulighed for at udvise interferens mellem de to tilsvarende bølger, men med den mulighed, at eksperimentatoren efterfølgende ville kunne se, om den fjederophængte plade blev sat i bevægelse ved afbøjningen af elektronens bane under dens passage af det nederste hul eller ej.

En sådan opstilling ville teknisk set aldrig kunne komme på tale, men bare den hypotetiske mulighed for at bestemme, hvor elektronen "egentlig" gik gennem skærmen, ville støtte Einsteins forventning om, at teorien måtte kunne udvides til også at redegøre for denne viden. Bohr tilbageviste imidlertid Einsteins nye tanke-eksperiment ved en elegant udregning: Hvis hastighedsændringen af den fjederophængte plade skal være stor nok til, at den kan registrere passagen af elektronen, er det nødvendigt, at pladens hastighed og dermed dens impuls er tilstrækkeligt velbestemte før elektronpas-sagen. Men anvendes Heisenbergs usikkerhedsrelation – på pladen, ikke på elektronen! – må pladens position være tilsvarende uvis. Studerer man imidlertid interferensen mellem bølger, der udgår fra to diffust adskilte kilder svarende til den kvantemekaniske usikker-hed i spaltens position, sker der en udtværing af interferensstriberne. Bohr viste altså, at enten skulle pladen hænge i så løse fjedre, at man godt kunne afgøre passagen af en enkelt elektron, men ikke observere interferensstriber, eller også skulle man benytte strammere fjedre, som nok kunne fastholde pladen og dermed sikre interferen-sen, men som på samme tid ville forhindre pladens rekylbevægelse, så eksperimentet ikke ville kunne bruges til at afgøre, hvilken vej elektronen tog gennem opstillingen.

Selvom Bohrs udregning måske nok gav en (kvante)mekanisk forklaring på, hvordan kvantemekanikken på konsistent vis sikrer, at en måling af banen og af interferensmønsteret ikke kan foretages samtidig, erklærede han dog, at analysen af selve spaltens kvante-mekaniske bevægelse blot tjener til at illustrere et meget dybere fænomen, nemlig at bane- eller partikel-aspektet og interferens- eller bølge-aspektet er fundamentalt komplementære egenskaber ved det fysiske system. Viden om såvel det ene som det andet aspekt kan hver for sig opnås med vilkårlig præcision. De indgår begge i en udtømmende beskrivelse af systemet, men det er fundamentalt i kvanteteorien – og ikke bare i Einsteins tankeeksperiment –, at det er umuligt at tildele værdier til et fysisk systems komplementære egenskaber samtidigt. Heisenbergs usikkerhedsrelation udtrykker matematisk denne komplementaritet mellem sted og impuls. Bohr ophøjede matematikken til et princip, komplementaritetsprincippet, som afgrænser selve tanken om en fysisk virkelighed.

Einsteins tankeeksperiment kunne ikke omsættes i praksis i laboratoriet, og det var heller ikke nødvendigt. Einsteins forsøg på at vise, at man i teorien kunne være nødt til at inddrage en beskrivelse af forsøg, der afslørede en "virkelig" banebevægelse neden under den kvantemekaniske bølgebeskrivelse, var afvist. Det udelukkede ikke, at en sådan banebeskrivelse kunne forekomme, men det er unægtelig svært at afgøre, om et tilsyneladende tilfældigt måleresultat i virkeligheden er afgjort, men ukendt, før målingen finder sted.

EPR-paradokset

Sammen med sine kolleger Boris Podolsky og Nathan Rosen foreslog Einstein i 1935 endnu et "attentat" i form af et tankeeksperiment på den kvantemekaniske usikkerhedsbeskrivelse og på Bohrs komplementaritetsbegreb.

Der er i Heisenbergs usikkerhedsrelation (se formlen side 65) et "forbud" imod på samme tid at kende et enkelt legemes hastighed og sted med en præcision bedre end givet ved Plancks konstant. Der er imidlertid intet til hinder for at bestemme en enkelt af disse egenskaber vilkårligt præcist, og Einstein, Podolsky og Rosen påpegede, at den kvantemekaniske beskrivelse og Bohrs komplementaritet ikke forhindrer én i samtidig at kende summen af to legemers stedkoordinater og differencen mellem deres hastigheder vilkårligt præcist. Deres udfordring til kvanteteorien, som i dag betegnes EPR-paradokset, består i beskrivelsen af et tankeeksperiment, som udføres på et par af partikler, der er præpareret i en tilstand, hvor netop summen af stedkoordinaterne og differencen mellem hastighedskoordinaterne er meget nøje angivet, mens de individuelle værdier for de enkelte partikler ikke er kendte. Partiklerne udgår fra en enkelt fælles kilde og flyver i EPR-tankeeksperimentet fra hinanden og når ud til to eksperimentatorer, som i hvert deres laboratorium kan måle på dem. Hvis den ene eksperimentator vælger at måle stedkoordinaten af den ankommende partikel, kan han slutte sig til værdien af den anden partikels stedkoordinat med høj præcision, fordi han kender deres sum præcist, mens den anden eksperimentator stadig har sin fulde frihed til at måle hastigheden af sin hidtil uberørte partikel. De to eksperimentatorer kan herefter

ILLUSTRATION 18. TO PARTIKLER MED FÆLLES EGENSKABER

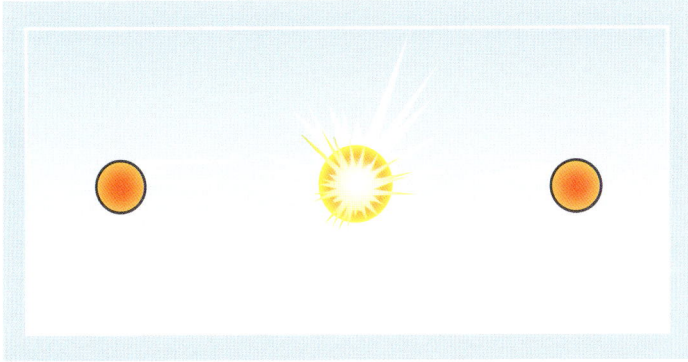

kombinere deres måledata og har på den måde tilsammen målt
både sted og hastighed for begge partikler. I 1935 var en sådan
udfordring af Bohrs komplementaritetsprincip sensationel nok til
at komme i *New York Times*!

Bohr skrev som svar en artikel, der blev publiceret få uger efter
offentliggørelsen af EPR-paradokset. Bortset fra en fodnote nederst
i artiklen henviste han hverken til eller benyttede sig af formler
fra kvanteteorien i sit argument. Bohr har givetvis ment, at dette
spørgsmål var af så principiel karakter, at hverken det konkrete
tankeeksperiment eller den tekniske, matematiske formulering af
teorien skulle stjæle opmærksomheden fra den meget dybe indsigt,
der efter hans opfattelse gjorde, at EPR-paradokset ikke er noget
paradoks. Lad mig alligevel skitsere et argument med udgangspunkt
i bølgefunktionsbeskrivelsen og komme tilbage til Bohrs argumenter
senere.

Tilstanden af de to partikler er beskrevet ved en bølgefunktion.
Når man måler den første partikels position, får man kendskab til
den anden partikels position på grund af kendskabet til summen af
de to værdier – ligesom summen af øjnene på to modsatte sider af
en terning altid er 7, og man derfor ved, hvilken side, der peger op,
hvis man ligger under et glasbord og ser terningen nedefra. Kend-
skabet til den anden partikels position betyder, at man er sikker
eller næsten sikker på resultatet af en måling på partiklen, og derfor
må dens bølgefunktion ifølge Borns fortolkning nu være rumligt

vellokaliseret. Bølgefunktionen for den anden partikel har med andre ord ændret sig på grund af målingen på den første partikel. Sandsynligheden for at måle forskellige værdier af partiklens impuls er også givet ud fra bølgefunktionen og har derfor også ændret sig. Det kan vi også forstå som en konsekvens af, at dens position nu er velbestemt, og Heisenbergs usikkerhedsrelation derfor medfører en dårligere bestemt impuls. Skulle man finde på at måle dens impuls som foreslået af Einstein, Podolsky og Rosen, ville man altså slet ikke måle på systemet, som det oprindeligt var præpareret, og derfor kan man heller ikke forvente, at den oprindelige relation mellem de to partiklers impuls stadig ville holde.

Einstein ville næppe have accepteret ovenstående argument af den grund, at det ser ud, som om vi ved at lave en måling et sted i laboratoriet faktisk får noget til at ske (den anden partikels bølgefunktion trækker sig sammen) et andet sted i rummet. Hvordan kan instruksen om, at denne handling skal finde sted, kommunikeres øjeblikkeligt fra det sted og tidspunkt, hvor målingen på den første partikel finder sted, til det andet sted i rummet? Foruden den åbenbare mangel på fysisk forklaring på, hvordan denne viden bliver overført, kan intet signal ifølge Einsteins specielle relativitetsteori udbrede sig hurtigere end med lysets hastighed. Hvis det kunne ske, ville det ifølge relativitetsteorien få helt uoverskuelige konsekvenser, som blandt andet er levende beskrevet i Ulrik Uggerhøjs bog *Tid – den relative virkelighed*.

Bohrs svar på EPR-paradokset tager meget præcist hensyn til eventuelle indvendinger vedrørende mystiske fjernvirkninger, og han skrev blandt andet i sin artikel i 1935:

Der er ikke tale om en mekanisk påvirkning af det undersøgte system, men om en ændring af de *betingelser*, der definerer de mulige typer af *forudsigelser* vedrørende systemets fremtidige opførsel. [...] disse betingelser udgør et uundværligt element af beskrivelsen af ethvert fænomen, til hvilket udtrykket 'fysisk virkelighed' på konsekvent måde kan knyttes.

For at redde kvantemekanikken tvinges Bohr ud i en drastisk anerkendelse af, at selve begrebet "fysisk virkelighed" ikke bare kan tillægges et fysisk system, men må defineres ud fra iagttageren og iagttagerens evne til at beskrive sine observationer af systemet. Kvanteteorien er ikke en teori for, hvor partikler er, eller hvad de gør, men en teori for, hvad vi forventer at se, når vi måler på dem.

Bohr og Einstein skulle diskutere kvantemekanikkens fortolkning resten af deres liv, og Bohr skulle selv både på skrift og i tale raffinere sit synspunkt og udtrykte blandt andet i et foredrag i 1949 i Videnskabernes Selskab i København sin beklagelse over "uklarheden grundet den begrænsede sproglige formåen" i ovenstående citat. I et efterfølgende afsnit vil jeg forsøge kort at skitsere, hvordan jeg tror, Bohr mente kvanteteorien skulle forstås, og hvilken status den matematiske bølgefunktion har i denne forståelse – i overensstemmelse med ovenstående citat.

Schrödinger påpegede, at netop den særlige forbindelse mellem de to partikler i EPR-paradokset er det fænomen, der for alvor adskiller kvanteteorien fra den klassiske fysik, og han kaldte den måde, hvorpå partiklernes tilstande er viklet ind i hinanden, *Verschränkung*, afledt af det tyske ord verschränken, som er det, vi gør, når vi lægger armene over kors. Danske bud på betegnelser for den særlige kvantemekaniske forbundethed mellem flere partikler er "sammenfiltrede" og "sammenvævede tilstande", men det engelske ord *entanglement* og sprogligt uskønne betegnelser som "entanglede tilstande" vinder også indpas på dansk.

I de følgende år gled de filosofiske diskussioner i baggrunden, især fordi de ledende fysikere jo samtidig var mere end fuldt beskæftigede med at udvikle den moderne fysik. Einstein døde i 1955 og Bohr i 1962. Efter Einstein og Bohr kom en ny generation af fysikere med nye synspunkter på diskussionen, og det viste sig, at nogle af de fundamentale spørgsmål faktisk kan gøres til genstand for eksperimentelle undersøgelser.

EPR-tankeeksperimentet blev i en modificeret form udført som et rigtigt eksperiment af den franske fysiker Alain Aspect i 1980-81. Aspects forsøg er berømt blandt fysikere, og ligesom EPR-paradokset blev dets resultater først udførligt rapporteret i massemedierne, dog ikke i *New York Times*, men i den danske avis *Information*, hvor Tor Nørretranders, som selv fulgte de sidste faser af forsøgene, var videnskabelig medarbejder. Tor Nørretranders beretter i sin velskrevne bog om Bohr og kvantemekanikken *Det udelelige* om den euforiske stemning, da forsøget endeligt havde afgjort, at "Bohr havde ret". En sandhed med tilstrækkeligt mange modifikationer til, at diskussionerne om kvantemekanikkens fortolkning foregår livligt den dag i dag!

Aspects eksperiment er mere end blot en kontrolmåling af et underfundigt aspekt af kvanteteorien. Det blev også starten på en epoke, hvor eksperimentatorer skulle udvikle teknikker til at håndtere, manipulere og detektere enkelte kvantesystemer. Denne forskning er fortsat på højtryk og har givet talrige eksempler på kvantemekanikkens sandsynlighedsaspekter og de meget specielle korrelationer mellem partikler over tid og rum, og den er blevet omsat til teknologier, som netop udnytter disse egenskaber ved teorien. Vi vil i bogens sidste del beskrive fysikken i Aspects forsøg i detaljer og sammenfatte nogle af de epokegørende nye ideer om brug af kvantemekanikkens mysterier til 100 % sikker datatransmission og til super-parallelle computere.

Schrödingers kat, Wigners ven, Einsteins mus og Wheelers drage

I fortsatte tankeeksperimenter udfordrede fysikerne hinanden med at drage de mest absurde konsekvenser af teorien. Schrödinger påpegede for eksempel, at selvom man måske kan forestille sig en mikroskopisk verden med andre regler og love end den velkendte dagligdags verden, er der dog grænser for, hvor meget man kan jonglere med virkeligheden. Som illustration kom han med det berømte paradoks, som vi i dag kalder Schrödingers katteparadoks: I en kasse observeres henfaldet af en kvantemekanisk partikel med en geigertæller, som er koblet til en udløsermekanisme, der frigør en hammer, som knuser en ampul med en giftgas, som dræber en kat – men altså kun, hvis den mikroskopiske partikel henfalder. Da kvantemekanikken tillader den mikroskopiske partikel både at være henfaldet og ikke være henfaldet, skulle det betyde, at katten kan være både død og levende.

Er det nu sådan, at katten i kassen virkelig er i denne meget mystiske tilstand? Og er det først, når vi åbner kassen, at vi en-ten ser en levende eller død kat, fordi vi dermed har foretaget en måling? Eller er katten selv tilstrækkelig dygtig til fysik, så den er klar over, at klokken har slået, hvis geigertælleren klikker, og der-for foretager den i virkeligheden selv målingen med det tilfældige

ILLUSTRATION 19. SCHRÖDINGERS KAT

resultat, at den er levende eller død? Men hvad nu, hvis der er tale om en meget dum kat, som ikke forstår konsekvensen af henfaldet, vil den så forblive i den kvantemekaniske tilstand? Fysikeren E.P. Wigner foreslog, at man lod en af sine venner iagttage katten, hvorved kvantemekanikken kunne give en tilstand, som på den ene side var "henfaldet atom+død kat+trist ven" og på samme tid "ikke-henfaldet atom+levende kat+glad ven". Wigners ven-paradoks spørger, om der skal en rigtig fysiker til for at forstå, hvad der er sket, og få den sædvanlige klassiske tilstand til at give sig til kende. Bevidsthed hos iagttageren kom således også til at spille en rolle i forståelsen af kvanteteorien.

Einstein var begejstret for Schrödingers katteparadoks og foreslog selv farverige versioner, hvor henfaldet i stedet skulle udløse en sprængladning og skyde katten, ligesom han drillende spurgte sine fysikerkolleger, om de troede, Månen kun eksisterede, fordi de (eller måske bare en mus) kiggede på den.

John Archibald Wheeler foreslog som et vittigt kompromis mellem Bohrs synspunkt (at man ikke kunne tale om en bane, man ikke havde målt) og Schrödingers og Einsteins synspunkt (at bøl-

ILLUSTRATION 20. WHEELERS DRAGE

gefunktionen trods alt måtte beskrive en slags virkelighed), at den kvantemekaniske partikel skulle erstattes af en drage ("the smoky dragon") med halen forankret i kilden og tænderne plantet i detektoren.

For de fleste fysikeres vedkommende betragtes fortolkningen af kvanteteorien som et filosofisk anliggende, som man ikke behøver beskæftige sig videre med for at få fysikken til at fungere. Blandt dem, der enten i deres forskning eller af interesse engagerer sig i de filosofiske spørgsmål, er diskussionen imidlertid lige så levende som på Einsteins og Bohrs tid, og for ikke at give det indtryk, at den "filosofiske" diskussion standsede i 1935, vil jeg kort opsummere nogle af de hovedretninger, eller skoler, der strides den dag i dag. Tendenser til at skabe et fælles udgangspunkt eller til for eksempel at blive enige om, hvad man præcist er uenige om, er desværre svære at spore. På den måde er fysikere ikke anderledes end alle andre mennesker, som også deler sig efter anskuelser i mange spørgsmål og ikke altid er villige til at sætte sig ind i, hvad modparten egentlig mener.

Lad mig i de følgende afsnit præsentere tankegodset i de herskende "skoler". Ligesom en beskrivelse af det politiske landskab bliver det meget forenklet, og der er endog internt i "skolerne" store uoverensstemmelser, som det vil føre for vidt at komme ind på her.

"Københavnerskolen"

Man mener, det var Werner Heisenberg, der i 1950'erne foreslog navnet Københavnerfortolkningen om det tankesæt, der gennemsyrede kredsen omkring Niels Bohr. Navnet skyldes naturligvis den geografiske placering af Bohrs institut, hvor så mange af de store fysikere havde opholdt sig i kortere eller længere perioder under teoriens fremkomst, og hvor mange af diskussionerne om dens betydning havde fundet sted. Videnskabshistorikere har antydet, at Heisenberg ved at foreslå dette navn prøvede at "indynde sig" hos Bohr og håbede at komme ind i varmen igen efter at have mistet Bohrs tillid og venskab efter et "uheldigt" besøg i det besatte København midt under Anden Verdenskrig[5].

Der findes ikke i dag en autoritativ fremstilling, som siger, hvad Københavnerfortolkningen *er*. I stedet må man læse sig til især Bohrs, Wolfgang Paulis og Heisenbergs synspunkter gennem deres artikler og derudfra forsøge at uddrage et samlet billede.

I sin mest radikale udlægning siger Københavnerfortolkningen, at kvanteteoriens formler, og specielt bølgefunktionen, ikke er en repræsentation af et fysisk systems tilstand, tænkt som en objektiv virkelig beskrivelse af systemet. De er derimod udelukkende en beskrivelse af vores viden om systemet, dvs. af vores evne til at

---

5 Det egentlige forløb af mødet mellem Bohr og Heisenberg og deres sagnomspundne samtale under en spadseretur i Fælledparken i 1941 er stadig omgærdet af stor mystik. Det er sandsynligt, at Heisenberg og kollegaen Carl von Weiszäcker forsøgte at fiske informationer eller ligefrem opnå Bohrs hjælp til det tyske atomvåbenprogram. Michal Frayns teaterstykke Copenhagen, hvori han lader Heisenberg, Bohr og Margrethe Bohr mødes og diskutere/gennemspille deres individuelle erindringer om hændelsesforløbet under krigen, er næsten lige så underfundigt som kvanteteorien selv og blev fortjent en stor succes på teaterscener verden over.

forudsige udfaldet af forskellige målinger på systemet. Når bøl-
gefunktionen findes ud fra Schrödingers ligning, som inkluderer
effekten af de forskellige kræfter, der påvirker partiklen, sker der en
fremskrivning af vores prognoser, på samme måde som sandsynlig-
hederne for forskellige terningkast på simpel vis kan fremskrives til
sandsynligheden for værdier af regnestykker af formen "antal øjne
+ 4", og et skøn over prisen på et stykke håndværkerarbejde let kan
omregnes til et skøn over prisen, som inkluderer 25 % moms.

Med en bølgefunktion, der beskriver vores viden om systemet,
kan vi også forstå, at en måling på et system eller en del af et større
kvantesystem kan gøre os klogere og dermed ændre bølgefunktio-
nen – og det er ifølge Bohr netop det, der sker i EPR-paradokset.
Det er derfor slet ikke noget paradoks, ligesom det ikke er et para-
doks, når jeg er i tvivl om farven på min venstre sok, men måske
med 25 % sandsynlighed gætter på, at den er sort, indtil jeg ved
blot et enkelt blik på min højre fod pludselig kender farven på min
venstre sok med (næsten 100 %) sikkerhed. I samarbejde med en
række arkæologer har mine fysikerkolleger ved Aarhus Universi-
tet for nylig ved hjælp af en kulstof 14-datering af en olivengren
"flyttet" tidsrummet for vulkanudbruddet på Santorini og den
sene bronzealder i Middelhavet med et århundrede, og på samme
måde kan vi i kvantemekanikken ved målinger bestemme ikke blot
egenskaber ved fjerne partikler, men også deres fortidige egenskaber.
Et paradoks, hvis vi drager den konklusion, at vi herved faktisk
ændrer på partiklernes virkelige tilstand og tror, at min sok skifter
farve fra en broget blanding af alle farver til sort, men noget min-
dre mystisk, hvis vi kun skal opdatere vores viden med de rigtige
værdier, som i virkeligheden hele tiden har været rigtige, også før
vi kiggede ordentligt efter.

Sokkerne havde faktisk en bestemt farve, og vulkanudbruddet på
Santorini fandt faktisk sted et bestemt år, uanset vores iagttagelser.
Når kvantemekanikken og Københavnerfortolkningen er så meget
vanskeligere at forstå end forskelligt farvede sokker, skyldes det, at
de målte værdier i for eksempel EPR-paradokset end ikke hypo-
tetisk kan tillægges disse værdier før målingen, og at for eksempel
Heisenbergs usikkerhedsrelation ligefrem påstår, at der skal være et
mindste produkt af usikkerhederne om stedet og impulsen af en
partikel, før vi måler den ene eller den anden af disse egenskaber.

Det kan forekomme meget abstrakt, at fysikerne ifølge Køben-
havnerfortolkningen ikke laver teori for virkeligheden, men kun for
de resultater, de forventer at måle, når de måler på den, men det
bliver næsten automatisk til en konsistent beskrivelse uden selvmod-
sigelser. Kritikpunktet fra Københavnerfortolkningens modstandere
går derfor på, om det virkelig er nødvendigt at distancere sig så
radikalt fra tanken om, at der findes en virkelighed, uanset om vi
kigger eller ej. "Findes Månen kun, fordi en mus kigger på den?".

Skjult variabel-teorierne

I erkendelse af at Schrödingers ligning fungerer upåklageligt, var
Einsteins gennemgående tanke, at vilkårligheden, der kom til ud-
tryk ved de tilfældige resultater af målinger, kunne fjernes, hvis
man kunne få adgang til den ekstra information, han mente måtte
være tilgængelig, om ikke i praksis i enhver given situation så i
hvert fald i princippet – ligesom den egentlige farve på et par
sokker. Man kunne meget konkret forestille sig, at man foruden
bølgefunktionen havde ekstra matematiske størrelser til rådighed,
der beskrev det studerede problem. Disse størrelser kunne være
ukendte eller uspecificerede for eksperimentatoren og kaldtes der-
for skjulte variable. De ville ikke umiddelbart være i modstrid med
eksperimentelle undersøgelser, idet man jo altid vil måle et eller
andet. Det er også svært at forestille sig, at man kan se forskel på,
om et måleresultat er tilfældigt, fordi det er styret af en ukendt
variabel, eller om det virkelig bliver trukket tilfældigt op af hatten
i selve måleprocessen.

Den irske fysiker John Bell viste i 1960'erne, at hvis partikler
kan udrustes med en skjult variabel, som indeholder information
om målinger på den enkelte partikel, uafhængigt af hvad eksperi-
mentalfysikeren kunne finde på at gøre ved andre partikler andre
steder i laboratoriet på samme tid, så vil målinger på partiklerne
altid opfylde en bestemt matematisk relation – Bells ulighed.

Her kommer nu EPR-paradokset i spil med sine partikler, der
netop svarer fuldstændig korreleret, hvis de stilles de to samme
spørgsmål, "hvad er elektronens hastighed?", og "hvad er dens
impuls?", og derfor opfører sig som mine hypotetiske tvillinger i
faktaboksen. John Bell viste i 1964, at en version af EPR-ekspe-
rimentet, hvor man måler spinretninger i stedet for hastighed og

Bells ulighed

Vi kan præsentere Bells argument som en Gallupundersøgelse, hvor de adspurgte personer skal svare ja eller nej til tre spørgsmål: spørgsmål A, B og C. Vi antager, at for alle spørgsmål er befolkningen delt i to lige store grupper med modsatte meninger, men at det enkelte individ af forskellige grunde – den skjulte variabel – i det øjeblik, hun bliver spurgt, har en holdning til det givne spørgsmål. Vi kan nu teoretisk optælle, hvor mange der har de forskellige meninger om de forskellige spørgsmål. Lad "+" betegne "ja" og "-" betegne "nej". Vi lader samtidig N(B-) beskrive antallet af mennesker, der "mener nej" til spørgsmål B, eller mere præcist: Det antal mennesker, der vil svare "nej", hvis de bliver stillet spørgsmål B. Det lidt mere komplicerede udtryk N(A+,B+,C-) betegner antallet af mennesker, der vil svare "ja" til spørgsmål A, "ja" til spørgsmål B og "nej" til spørgsmål C, forudsat at de bliver stillet det pågældende spørgsmål.

John Bells ulighed siger nu

$$N(A+,B-) \leq N(A+,C+) + N(B-,C-)$$

Altså: Der er færre, der siger "ja til A" og "nej til B" end enten "ja til A" og "ja til C" eller "nej til B" og "nej til C".

Grunden til, at den ulighed må være opfyldt, er simpel: Antallet på venstre side kan opfattes som summen af dem, der som anført siger "ja til A og nej til B", og som ville have sagt henholdsvis "ja" og "nej" til spørgsmål C, hvis de var blevet spurgt: N(A+,B-) = N(A+,B-,C+) + N(A+,B-,C-). Hvert af disse to tal er imidlertid mindre end antallet af de respektive større grupper optalt med udtrykkene N(A+,C+) og N(B-,C-), hvor svarene på henholdsvis spørgsmål B og A ikke er specificerede. Og det er højre side af Bells ulighed. Vi vil ikke antage, at de tre tal N(A+,B-), og N(A+,C+) og N(B-,C-) kan findes ved blot at stille alle tre spørgsmål til alle forsøgspersonerne. Spørgsmålene kunne jo være "ledende", og man kunne for eksempel efter at have svaret på spørgsmål A vedrørende EU-forbeholdene synes, man burde give et svar på spørgsmål B om Fehmern-broen eller spørgsmål C om asylpolitikken i Danmark, der "matcher" holdningen i det første svar. For at undgå effekten af ledende spørgsmål kunne Gallup antage, at tvillinger altid er enige og svarer ens på de samme spørgsmål.[6] En sådan hypotese skulle naturligvis først bekræftes ved en stor test. Herefter kan man gå i gang med den egentlige undersøgelse af Bells ulighed og stille den ene tvilling et spørgsmål og i et andet rum stille et andet spørgsmål til den anden. I en større undersøgelse bestemmes herved for eksempel N(A+,B-), som nu netop ville betyde, hvor mange der ville sige ja til A, hvis de *kun* blev spurgt om det, og nej til B, hvis de *kun* blev spurgt om det.

impuls, ifølge kvantemekanikkens forudsigelse ville give resultater i *uoverensstemmelse* med uligheden.

Der findes altså kvantemekaniske tilstande af partikelpar, som man kan udsætte for tre forskellige slags målinger, så uligheden brydes! Selvom de pågældende tilstande er helt "almindelige" entanglede tilstande, som fremkommer i en teori, der er gennemtestet på utallige fysiske forudsigelser, var netop dette aspekt aldrig blevet undersøgt. I 1970'erne viste amerikaneren John Clauser et sådant eksperimentelt brud med Bells ulighed, og i 1980 og 1981 kom franskmanden Aspects forsøg og lukkede endnu en udvej for den klassiske fysik til at snyde Bell. I stedet for at stille politiske spørgsmål til tvillinger målte Aspect og hans kolleger på par af fotoner, der udsendt i modsat retning fra enkelte atomer altid ville have modsat polarisation, således at hvis den ene blev transmitteret af et polarisationsfilter (polaroidsolbriller), ville den anden blive reflekteret – og ved at dreje solbrillerne i forhold til hinanden ville man kunne "stille forskellige spørgsmål" til de to fotoner og se, hvor ofte de svarede "ja" og "nej".

At den kvantemekaniske forudsigelse blev bekræftet, og Bells ulighed var brudt, var naturligvis ikke nogen overraskelse for "de stærke udi Københavnertroen". Men det er værd at erindre sig, at bruddet på Bells ulighed medfører, at den er forkert. Den er matematisk let at udlede og forstå, så hvordan kan den være i uoverensstemmelse med eksperimentelle data? Det må være den grundlæggende antagelse om, at et måleresultat hypotetisk kan være givet på forhånd, der er forkert. De nye målinger havde for første gang vist, at det resultat, der fremkommer, når man måler

---

6 Jeg ville have skrevet ægtefæller, men min kone var uenig.

på en partikel, end ikke hypotetisk kan være givet på forhånd ved en lokalt specificeret egenskab ved partiklen.

Skjult variabel-teorierne er ikke totalt afvist med Aspects forsøg, men de kan ikke være lokale, dvs. udfaldet af målinger på en enkelt partikel kan ikke gives ved en skjult information, der følger med den givne partikel. Der er dog stadig mulighed for, at en skjult variabel-teori kan være ikke-lokal, så den for eksempel udtaler sig om udfaldet af par af målinger på to partikler. Tilhængere af ikke-lokale skjulte variable har erstattet det tilfældige terningspil om udfaldet af fysikforsøg med den pris, at der foruden bølgefunktionen foreligger en bagvedliggende bestemthed, der styrer udfaldet ikke bare af målinger, men også af par af målinger fjerne steder i verden. Et eksempel på en sådan teori er den amerikanske fysiker David Bohms indfoldede orden, som vi vil beskrive i det følgende afsnit.

De Broglie-Bohm og den indfoldede orden

Bohms fortolkning af kvanteteorien havde et meget konkret og elegant udgangspunkt i tanker, der opstod allerede i 1920'erne hos de Broglie og andre fysikere. Bølgefunktionen, eller rettere dens kvadrat, $|\Psi|^2$, giver sandsynligheden for at træffe partiklen et bestemt sted under en måling. Dette er ikke uforeneligt med, at en given partikel i et givet forsøg faktisk følger en bestemt bane gennem rummet, så længe man blot, når man optegner de mulige baner, har en høj banetæthed, hvor bølgefunktionen antager de største værdier og lav tæthed, hvor værdierne er små eller nul. Matematisk kan man af Schrödingers ligning ikke kun beregne sandsynligheden på et bestemt tidspunkt, men også, hvordan den ændrer sig i tid og den dertil hørende strøm af sandsynlighed i den retning, partiklen "i gennemsnit" bevæger sig. Det er faktisk let at fortolke denne strøm som en lokal banehastighed og erstatte bølgefunktionsbeskrivelsen med partikler, der rejser af sted med den hastighed, som man lokalt bestemmer fra sandsynlighedsstrømmen. Samme beskrivelse benyttes i praksis ved klassiske væskers bevægelse, hvor man beskriver strømmen som en lokal hastighed af væsken, og hvor man derefter kan forestille sig, at et enkelt vandmolekyle eller en urenhed i væsken bare skal "følge med". Og væsker er jo netop et af de rigtig gode eksempler, hvor vi ser bølger, men altså som en konsekvens af de mange væskedråbers samlede klassiske bevægelser.

For at der skal være overensstemmelse med kvantemekanikkens forudsigelser og Schrödingers ligning, er partiklens bane ikke givet helt som i den klassiske mekanik. På elegant vis kan bevægelsen dog stadig skrives som en løsning til Newtons 2. lov om kraft og acceleration, hvis man foruden de sædvanlige, klassiske kræfter på partiklen indfører en ekstra "kvantekraft", der beregnes ud fra bølgefunktionens lokale form. Man kan sammenligne bevægelsen med et fly, hvis bevægelse hele tiden påvirkes af vinden, og hvor piloten tillige afsøger hele det omliggende rum med sin radar, og afhængigt af radarbølgens signal korrigerer kursen. Den kvantemekaniske bølgefunktion kan i denne beskrivelse opfattes som en slags "styrmandsbølge" ("pilot wave" på engelsk), og bevægelsen kan forstås helt klassisk, idet for eksempel striberne i dobbeltspalteforsøget skyldes, at kvantekræfterne styrer partikelbanerne ind i bølgefunktionens interferensmønster, ligesom regnvand der løber ned ad et tegltag.

Da Schrödingers ligning stadig skal løses, er teorien ikke blevet lettere at håndtere, men måske lettere at forstå, og efter oprindeligt at være foreslået af de Broglie blev teorien genoptaget af Bohm i 1951. Han insisterede på, at den kunne forklare kvantemekanikkens eksperimenter meget mere forståeligt end for eksempel Københavnerfortolkningen. Bohms baner giver ganske rigtigt et fint intuitivt billede, og da der ydermere gælder, at den ekstra kvantekraft direkte indeholder Plancks konstant som faktor, følger det, at man genfinder den klassiske fysik i den klassiske grænse, hvor Plancks konstant effektivt sættes til nul.

Meget sværere bliver det dog for teorien at beskrive flere partiklers bevægelse. Tænker man sig de to partikler i EPR-paradokset, er deres bølgefunktion en funktion af begge partiklers sted i rummet, og da kvantekorrektionen til kraften på den ene partikel bestemmes ud fra hele bølgefunktionen, bliver den ikke kun en funktion af partiklens egen position, men også en funktion af, hvor den anden partikel opholder sig. Bohm kaldte det fælles potentiale, som alle partikler i universet bevæger sig i, for "kvantepotentialet". Foretages der en måling på en enkelt partikel, får dette straks konsekvenser for kvantepotentialet, som opleves af alle de andre partikler, også selvom de befinder sig så langt borte, at man end ikke ved lysets hastighed kunne have sendt et signal til dem om den foretagne måling.

Det forhindrer dog ikke formuleringen af en formel og operationsdygtig teori. Kun få fysikere mener, at Bohms beskrivelse virkelig giver en tilfredsstillende og uddybende forklaring af kvantemekanikken, mens de fleste finder, at kvantepotentialet gør teorien endnu mere mærkelig. Bohm og hans medarbejdere betegnede den stærke forbundethed af partikler som den "indfoldede orden". Bohms tanker minder dermed om mere holistiske og religiøse natur- og kultursyn, som netop forsøger at se sammenhænge mellem vidt forskellige emner og fænomener, og de har af samme årsag nydt stor bevågenhed i mere filosofiske og kultiske sammenhænge og er måske netop derfor genstand for endnu større skepsis blandt fysikere.

Bohm var imidlertid en original og kompetent fysiker. Hans teorier anfægter ikke kvanteoriens forudsigelser, men vedrører kun deres fortolkning. Med en alternativ fortolkning har man også en alternativ inspirationskilde, og nogle af Bohms øvrige arbejder har ført til både vigtige og originale indsigter samt originale eksperimentelle påvisninger af spændende fysiske effekter. Hans påvisning af, at partikler i kvantefysikken er følsomme over for elektriske og magnetiske felter, selv når de forekommer i dele af rummet, hvor partiklerne ikke selv opholder sig, er blandt kvantefysikkens mest overraskende og respekterede arbejder.

Bølgefunktionsrealisme og røgdrager

Fysikere og kemikere skal i deres forsknings- og undervisningsopgaver, uanset om de beskæftiger sig med fortolkningsproblematikken eller ej, benytte kvantemekanikkens formalisme og har til det formål gavn af at kunne danne billeder af, hvad der foregår, også selvom sådanne billeder ikke nødvendigvis er helt konsistente, hvis de udsættes for de kritiske spørgsmål, som Bohrs og Einsteins tankeeksperimenter stiller. Undertiden kan man for eksempel ty til den klassiske mekanik for at få et nogenlunde, men ikke helt præcist billede af en fysisk proces, og i andre tilfælde kan man med fordel bruge et klassisk bølgebillede, hvor man forestiller sig bølgefunktionens udbredelse gennem rummet på samme måde som en havbølges bevægelse hen over en overflade.

En sådan visualisering, som nok benyttes af alle kvantefysikere, kan give en god forståelse af den matematiske løsning til Schrödingers ligning, men den kan også føre til, at man helt opgiver partikelbeskrivelsen og simpelthen forestiller sig elektronen som en rigtig fysisk bølge, hvis bevægelse netop beskrives ved Schrödingers ligning. Hermed fortolkes kvantemekanikken, som om det, vi troede var partikler, i virkeligheden er bølger. Jeg vil her betegne en sådan fortolkning "bølgefunktionsrealisme". Ifølge dette billede er elektronen i brintatomets grundtilstand faktisk udsmurt i rummet omkring kernen; partiklen, der passerer dobbeltspalten, er vitterligt opdelt og går virkelig igennem begge huller, og EPR-partiklerne er beskrevet ved en fælles fysisk bølge, hvis tæthed er udtryk for, at de to partikler er flere steder på samme tid, men altid på en passende koordineret måde.

Denne beskrivelse er nærliggende og sættes ofte lig med Københavnerfortolkningen, men intet kunne være mere forkert. Der er en meget velovervejet grund til, at Bohr ikke på sine tegninger af dobbeltspalteopstillingen indtegnede en bølge eller diffus sky af partikeltæthed på vej gennem begge spalter i skærmen. Dette ville vise den matematiske bølgefunktion, men ifølge Bohr ville det netop ikke illustrere et fysisk fænomen, som vi på nogen måde kan sige noget om. Kritikere taler om Københavnerfortolkningens "billedforbud", som om Bohr skulle have sagt, at man ikke må danne billeder af bølgefunktionen. Det var som en afvæbnende kommentar til dette billedforbud, at John Archibald Wheeler foreslog "røgdragen", der med halen forankret i partiklernes udgangspunkt bidder sig fast i detektoren, der hvor eksperimentatoren ser den.

Elektronen i brintatomet er ikke en udsmurt ladningsfordeling. I den korrekte beskrivelse af atomfysikken skal vi altid behandle elektronen som en ladning uden udstrækning, når vi ser på dens vekselvirkning med andre partikler (billedet med den udsmurte ladning indgår i visse tilnærmelser af den gennemsnitlige vekselvirkning, men det er ikke anderledes, end når man taler om "normaldanskerens" gennemsnitlige antal børn, biler eller tv-apparater). Vi så, at tanken om en egentlig fysisk bølge bliver udfordret af EPR-paradokset: Måles den ene partikels position til en veldefineret værdi, skal den anden partikels position også blive veldefineret, og det betyder i denne beskrivelse, at en fysisk udtværet partikel "trækker sig sammen" som en virkelig fysisk proces, fordi der på et andet sted i rummet er blevet målt på en anden partikel. Sker sammentrækningen af den anden partikel i det øjeblik, målingen finder sted, eller udbreder effekten af målingen sig for eksempel med lysets hastighed, og hvad nu, hvis der i stedet blev målt på den anden partikel først? Dette er spørgsmål, hvor Københavnerfortolkningen høster frugterne af at have lagt hårdt ud filosofisk, idet der ikke optræder det mindste paradoks, så længe bølgefunktionen ikke er en egenskab ved det fysiske system, men kun ved vores viden om og beskrivelse af systemet.

Mange-verden-fortolkningen

Hvis man insisterer endnu mere radikalt på bølgefunktionen som fysisk virkelighed, bliver det dog muligt at ophæve paradokserne og endda fjerne Einsteins problem med vilkårligheden og de tilfældige resultater af målinger i kvantemekanikken. En sådan fortolkning blev foreslået af amerikaneren Hugh Everett i 1957 og siden promoveret af DeWitt og en række andre anerkendte fysikere. Den betegnes mange-verden-fortolkningen, og ligesom med Københavnerfortolkningen er der i højere grad tale om et sæt af ideer, der dækker over en række forskellige synspunkter end om en egentlig "lære", som en velbestemt skare af tilhængere bekender sig til.

I Everetts oprindelige arbejde blev det simpelthen foreslået, at fysiksystemer virkelig er i delokaliserede tilstande, og når vi måler på dem, bruger vi apparater, som også skal beskrives med kvantemekanikken og derfor også er i rumligt udbredte tilstande. Vekselvirkningen mellem kvantesystem og måleapparat får altså ikke viseren på måleapparatet til at vælge en tilfældig position svarende til en tilfældig talværdi i et forsøg. Viseren vælger i stedet ligesom de mikroskopiske partikler alle tilgængelige værdier – helt i overensstemmelse med Schrödingers ligning. Som eksperimentator kigger jeg på måleapparatet, og da jeg også er en del af kvantevirkeligheden, ser jeg ikke bare en værdi, men mange værdier, og min kollega, som står ved siden af, ser også mange værdier. Faktisk kan vi finde vores resultater så interessante, at vi skriver en artikel om dem og bliver berømte, og samtidig finde dem så uinteressante, at vi i stedet går triste hjem og ender med at søge andet arbejde.

Everetts indsigt var, at en samtidig realisering af disse vilde hændelsesforløb slet ikke behøver at være mystisk, og specielt behøver forløbene ikke at være det fjerneste i modstrid med, at vi aldrig ser flere ting ske på samme tid i vores dagligdags oplevelse af verden. Når vi aldrig oplever, at objekter omkring os eller vi selv er flere steder på en gang, skyldes det ifølge Everett måden, som bølge-funktionen for hele verden opsplitter de forskellige muligheder på. Der er nemlig i de ovenstående hændelsesforløb tale om, at bølgefunktionen består af mange forskellige komponenter eller muligheder på samme tid, men ligesom i EPR-paradokset, hvor to elektroner har deres bevægelse fuldstændig synkroniseret, er mine hukommelsesceller synkroniseret med hinanden. Indlæsningen af et måleresultat i min hjerne efterfølges af en kopiering af samme resultat til andre hukommelsescentre, og de samme informationer kopieres hos min kollega, der iagttog samme fænomen, sådan at den mange gange kopierede information måske nok antager for-skellige værdier, men alligevel er ens overalt. For at se en konflikt mellem to eller flere forskellige værdier for en fysisk størrelse skal disse jo erkendes samtidigt, men med en stor bølgefunktion for hele verden, som rummer en modsigelsesfri fuldstændigt overens-stemmende klassisk opfattelse samtidig med andre modsigelsesfrie fuldstændigt overensstemmende klassiske opfattelser, opstår der ikke nogen konflikt. Den store bølgefunktion for hele verden, os selv inklusive, har komponenter, hvor vi er enige om at have set et bestemt resultat, og andre komponenter, hvor vi samtidig er enige om at have set et andet resultat, men den har ingen komponenter, hvor vi har set noget forskelligt.

Denne beskrivelse kaldes mange-verden-fortolkningen, fordi det virker, som om verden splittes op ud i det uendelige, idet hver underverden rummer sin del af – eller historie om – virkeligheden, og uden kommunikation mellem de forskellige verdener ser vores dagligdags verden helt almindelig og klassisk ud. Faktisk har vi ingen anelse om, at vi ikke kun er her, men også står i uendeligt mange parallelle verdener, hvor vi ser alle de andre mulige resultater af kvantemålinger. Mange-verden-fortolkningen forekommer at være en ekstravagant måde at løse tilfældighedsproblemet på: Alle muligheder forekommer i forskellige verdener, og ingen bliver derfor foretrukket ved en tilfældighed. Mange-verden-fortolkningen har stadig et formelt problem, idet den i sin uendelige åbenhed over

ILLUSTRATION 21. MANGE-VERDEN-FORTOLKNINGEN

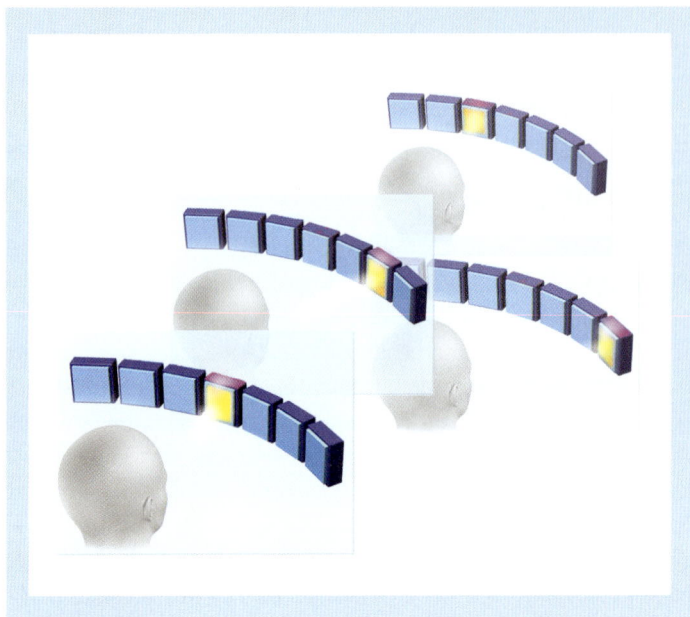

for, at alt kan ske, ikke umiddelbart kan forklare, hvorfor nogle hændelser iagttages mere hyppigt end andre – og det er jo på den basis, at vi eksperimentelt kan undersøge kvanteteoriens kvantitative forudsigelser. Denne mangel synes ikke at bekymre teoriens tilhængere, og der sker da også løbende forsøg på at udbedre den.

Der kan rejses flere indvendinger mod mange-verden-fortolkningen. En er, at den er ekstravagant i sit store forbrug af verdener, men det er ikke en seriøs videnskabelig indvending. Den kvantemekaniske beskrivelse skal under alle omstændigheder håndtere flere mulige tilstande/steder for hver enkelt partikel, og har man først accepteret tanken om, at en elektron kan være flere steder på samme tid, bliver det ikke "dyrere" at benytte samme formalisme på et større system som hele verden. Mange-verden-fortolkningen siger bare, at ikke blot er kvantemekanikkens formalisme god til at beregne, hvad der sker i den mikroskopiske verden, den siger også, hvad verdens tilstand virkelig er. I sin bog i Univers-serien om relativitetsteorien (*Tid – den relative virkelighed*) beskriver min kollega Ulrik Uggerhøj, hvordan man vender om på tid og rum og derfor, set fra den rette vinkel, kan få enhver læser til tilsyneladende at være født på Månen. Med en overvejelse over kvantemekanikkens rolle i de biologiske processer og hændelser gennem evolutionens og civilisationens historie kan vi tilsvarende hævde, at læseren samtidig med læsningen af denne bog er en del af en meget mere udviklet civilisation med sommerhus på Månen og måske også er vandmand i en parallel verden, hvor livet endnu ikke er mere udviklet.

En anden indvending mod mange-verden-fortolkningen baserer sig på princippet om Ockhams ragekniv. William af Ockham var en engelsk munk og filosof i den sene middelalder. Han tillægges det filosofiske princip, at man skal "barbere" forklaringen af ethvert fænomen, så det gør brug af færrest mulige antagelser, som ikke kan eftervises. Da de parallelt eksisterende virkeligheder ikke kan gøres til genstand for målinger, kan de ikke påvises, og med henvisning til Ockhams ragekniv er Københavnerfortolkningen altså at foretrække. Ockhams ragekniv kan være et sundt princip i mange sammenhænge, men er det videnskabeligt holdbart at afvise mange-verden-fortolkningen og andre fortolkninger af kvantemekanikken på det grundlag, hvis de ellers er fri for selvmodsigelser?

Det er den klassiske verden, der er problemet!

Som situationen er i dag, er såvel Københavnerfortolkningen som mange-verden-fortolkningen stærke bud på fortolkninger af kvantemekanikken.

De er ekstremt forskellige. Meget forenklet siger Københavnerfortolkningen, at tanken om en kvantemekanisk fysisk virkelighed er en unødvendig abstraktion. Det eneste, vi ved med sikkerhed, er, hvilke resultater vores målinger giver, og kvanteteorien er udelukkende en mekanisme, hvormed vi forudsiger udfaldet eller sandsynligheden for bestemte udfald af fremtidige målinger. Mange-verden-fortolkningen betragter tværtimod den mikroskopiske verden som et virkeligt bølgefænomen, og den succesrige brug af bølgebeskrivelsen viser, at sådan er verden bare, og det er ikke noget problem, at den makroskopiske verden, os selv inklusive, også er bølgefænomener og derfor er flere steder og oplever forskellige ting på en gang.

Man kan lidt provokerende vende diskussionen på hovedet og

sige, at vi har en fin kvantemekanik, som vi med succes benytter til at beskrive den mikroskopiske verden, men som vi har al mulig grund til at tro også giver den korrekte beskrivelse af makroskopiske fænomener. Fortolkningsproblemet gælder den klassiske verden, som ikke kan finde ud af at opføre sig kvantemekanisk. Hvorfor er det sådan, og hvordan fremkommer de klassiske resultater?

Spontan lokalisering og dekohærens

Man må ikke glemme, at hele grundlaget for at benytte kvante-teorien er dens evne til at forklare processer i den mikroskopiske verden, som ikke lader sig forklare ved den klassiske mekanik. Vi ser den mikroskopiske verdens kvanteeffekter slå igennem som observerbare egenskaber ved makroskopiske systemer, for eksempel stoffers farve og evne til at lede varme og strøm, men de mest mystiske bølgefænomener ser vi ikke direkte. I et alternativt forsøg på at forene den mikroskopiske kvanteverden og den makroskopiske klassiske verden foreslog teoretikerne Ghirardi, Rimini og Weber i 1980'erne, at man til Schrödingers bølgeligning kan tilføre ekstra, tilfældige kræfter, som vil føre til en sammentrækning og lokalisering af bølgefunktionerne, lige så snart man indsætter tungere objekter i ligningen, men som samtidig skal være så svage, at de ikke vil få konsekvenser for en elektron eller de øvrige atomare partikler.

Schrödingers ligning indeholder allerede kræfter i form af den potentielle energifunktion, og forslaget bestod i på samme sted i ligningen at tilføje ekstra led svarende til meget svage kræfter med tilfældige variationer i tid og rum. Det viser sig faktisk, at sådanne tilfældige led i bølgeligningen er meget skadelige for rumligt udbredte bølgeløsninger, og det er af den grund, at lydstudier benytter sig af æggebakker eller mere raffinerede strukturerede vægge for at fjerne klangeffekter, der vil forstyrre optagelser. Ghirardi, Rimini og Weber var nødt til at foreslå en styrke af de tilfældige kræfter lige midt i det enorme mellemrum mellem størrelserne af objekter i den kvantemekaniske og den klassiske verden, så den lette elektron i spektroskopiske undersøgelser med 11 cifres præcision ikke vil blive påvirket på nogen målbar facon, mens en "stor" partikel på bare en milliontedel gram skal kollapse til en vellokaliseret sandsynlighedsfordeling på en utroligt kort tidsskala. Anvendes denne teori på fysikkens "store" måleapparater, forstår vi, at de altid udlæser "klassiske" resultatcr, og også at de er tilfældige fra gang til gang.

Hvilken fysisk mekanisme forårsager så dette spontane lokaliseringsfænomen? Det kunne være den direkte effekt af en ny ukendt kraft eller, endnu bedre, måske endda en effekt af en kendt kraft, og det er ganske pudsigt, at hvis man antager, at et legeme med en udstrakt sandsynlighedsfordeling oplever en intern tyngdekraftpåvirkning, som om den "ene halvdel" trækker i "den anden halvdel" af massefordelingen, får man en kraft med en styrke, som passer meget nøje med Ghirardi, Rimini og Webers "gæt". Det skal dog straks anføres, at selvom en speciel "selv-tyngdekraft" har en styrke, der passer til vores formål, er der ikke umiddelbart noget tilfældigt ved den. At det netop skulle være tyngdekraften og ikke de elektriske kræfter, der føres frem som kandidat til en forklaring på klassisk lokalisering af kvantetilstande, skyldes, at tyngdekraften i forvejen er sværest at forstå og hidtil ikke har kunnet forenes med kvanteteorien på samme måde, som elektrodynamikken er blevet det. Den engelske matematiker og fysiker sir Roger Penrose og en række fysikere sammen med ham har derfor tyngdekraften og en spontan lokaliseringsmekanisme afledt herfra som deres foretrukne kandidat til at forklare, hvordan hele fysikken er korrekt beskrevet ved bølgeteorien, mens den klassiske verden mister sine bølgeegenskaber og derfor er lige så godt beskrevet ved Newtons mekanik.

Pudsigt nok kan Schrödingerligningen med tilfældige led også udledes på en helt anden måde, som ikke fordrer indføringen af ny fysik overhovedet. I 1980'erne blev der foretaget omfattende studier af vekselvirkningen mellem atomer og lys, og det blev for første gang muligt at foretage forsøg med detektion af lys fra enkelte atomer og fra andre simple kvantemekaniske lyskilder. I modsætning til tidligere arbejder med kvanteteorien var der nu ikke bare brug for at forudsige resultatet af en enkelt måling. Der var behov for at beskrive hele den tilfældige tidsserie af måleresultater, der fremkommer, når atomet eller kilden bliver ved med at lyse under hele forsøget, og vi bliver ved med at måle. Vi beskrev tidligere, hvordan forudsigelsen af sandsynligheder for tilfældige resultater blev ledsaget af et kvantemekanisk kollaps, en projektion, når et bestemt resultat fremkommer, og det fører i tilfældet med måling på lyset fra et kvantesystem over længere tid til en ubrudt tilfældig udvikling af bølgefunktionen. Man havde metoder til at beregne den gennemsnitlige udvikling, men ikke til at redegøre for de enkelte tilfældige "historier", som et lysudsendende kvantesystem gennemløber.

De franske fysikere Jean Dalibard og Yvan Castin udviklede i samarbejde med denne bogs forfatter i 1990-1992 et begreb, vi kaldte Monte Carlo-bølgefunktionen, der præcist beskriver sådanne historier. Navnet henviser til kasinoerne i Monte Carlo og det tilfældige aspekt ved måleprocessen. Ved et sammentræf udviklede vores kolleger Howard Carmichael i Oregon, USA, og Gerhard Hegerfeldt i Göttingen, Tyskland, inden for samme år en formalisme med samme indhold, men med andre formål for øje, og vi blev kort derefter opmærksomme på, at vores teorier var foregrebet omkring 1980 af den russiske teoretiker Viacheslav Belavkin i en mere matematisk abstrakt teori, som ikke var knyttet an til konkrete eksperimenter.

Monte Carlo-bølgefunktionerne gør ikke brug af ny fysik, men svarer til en simulering af detektionen af lyset fra en lyskilde, idet man benytter den sædvanlige kvantefysiks sandsynligheder og projektionspostulatet på lysets kvantetilstande. Lyskilden, som kan være et enkelt atom, oplever derved indirekte, tilfældige ændringer i sin tilstand. I Bohrs atommodel fra 1913 springer elektronen på et tilfældigt tidspunkt fra en ydre til en indre bane og udsender derved en foton, som man kan registrere, når det sker. I den moderne kvantemekaniske beskrivelse er det lige modsat: *Fordi* vi iagttager fotonen, finder kvantespringet sted, og tilstanden for elektronen i atomet ændres. Kvantespringet er hermed – helt i overensstemmelse med Københavnerfortolkningen – et spring eller en ændring i vores viden, som netop forårsages af det abrupte klik i fotondetektoren.

Alt afhængig af effektiviteten af detektionen kan Monte Carlo-bølgefunktionernes dynamik for det interessante system antage form af en svagt modificeret Schrödingerligning med små tilfældige hop, præcis som Ghirardi, Rimini og Webers. Det udelukker ikke, at der kan være ekstra mystiske kræfter på spil, eller at tyngdekraften, som foreslået af Penrose, kan spille en vigtig rolle i måleproblemet, men Københavnerfortolkningen anvendt på "almindelige" fysiske vekselvirkninger fører altså til præcis samme slags tilfældigt lokaliserende dynamik.

Den proces, at et kvantesystem på grund af vekselvirkning med sine omgivelser trækkcr sig tilfældigt sammen og på bølgefacon ikke længere er udbredt over større områder, kaldes dekohærens og ses af mange som den egentlige "forklaring" på fortabelsen af kvanteinterferens i den makroskopiske verden. I lyset af Monte Carlo-bølgefunktionernes opførsel er denne dekohærens dog stadig forbundet med et postulat om projektion af bølgefunktionen, som godt nok er blevet flyttet fra atomet til dets omgivelser (lyset), men som stadig er en del af teorien: Selvom vekselvirkningen med den elastisk ophængte spalte ifølge Bohrs argument er ansvarlig for, at man ikke kan observere interferens i Einsteins dobbeltspalteparadoks, løser den ikke det egentlige måleproblem: at de tilfældige valg i målinger overhovedet finder sted, og at Einsteins fjederophængte spalte tilsyneladende vælger mellem at være blevet sat i svingninger eller ej. Netop på dette sted i argumentet er der altså stadig rig plads til diskussionen mellem de mange forskellige fortolkninger.

Foruden ovenstående "filosofiske" overvejelser om overgangen mellem kvanteteori og de målte resultater foregår der i disse år et omfattende forskningsarbejde med at styre kvantesystemer og "beskytte" deres bølgeegenskaber imod både "fjendtlige" og helt uskyldige forsøg på at måle dem, hvorved vekselvirkninger overfører information om kvantesystemets gøren og laden til omgiverserne. I kombination med vores evne til at måle stedse mere præcist på atomare spektre og dermed tjekke dekohærensens meget lille påvirkning af elektroner og andre mikroskopiske systemer er det ikke utænkeligt, at vi vil kunne afvise eller bekræfte, om der virkelig er tilfældige tyngdekræfter på spil.

Tyngdekraften er ikke det sidste eller eneste uløste problem for kvantemekanikken og derfor heller ikke den eneste mulighed for at skabe nye afgørende fortolkninger af teorien. Der foregår således en omfattende forskning i elementarpartikelfysik, hvor både strengteori og ekstra dimensioner og et væld af nye partikler og partikelfamilier kan komme på banen. Denne forskning vil nemt kunne komme til at rokke så fundamentalt ved vores begreber om tid og rum, at en helt ny teoretisk fysik vil opstå. En sådan teori vil naturligvis skulle passe med kvantemekanikken på samme måde, som kvantemekanikken og relativitetsteorien passer sammen med den klassiske mekanik for makroskopisk og langsom bevægelse. Men hvis den fulde teori ender med at se helt anderledes ud, vil den måske også tilbyde helt nye forklaringer på, hvad vi ser, når vi foretager målinger, og hvorfor vi oplever og beskriver resultaterne som tilfældige. Det er svært at gætte, om en sådan teori er lige om hjørnet, eller om den vil komme om to hundrede år, men at påstå, at det aldrig vil ske, ville ikke udtrykke megen forståelse for videnskabens udvikling.

Kvantemekanik, kunst og Østens visdom

Da Bohr blev slået til ridder af Elefantordenen, valgte han som våbenskjold et motiv, der indeholder Yin-Yang-symbolet, som i kinesisk filosofi udtrykker modsætningernes afhængighed af hinanden – et fint billede på den komplementaritetsbeskrivelse, han selv havde foreslået.

Michael Frayns teaterstykke *Copenhagen*, den danske digter Ivan Malinowskis digtsamling *Ti teser om tingenes rette sammenhæng*, den japanske installationskunstner Mariko Moris brug af partikelsignaler fra rummet i sine skulpturer er eksempler på projekter, hvor kunstnere har hentet inspiration fra kvantemekanikken og dens videnskabelige begreber. Der har naturligvis været spirituelt indstillede forfattere, kunstnere og fysikere, der har set kvantemekanikken som inspiration for tanker, som i mere eller mindre grad genfindes i Østens religioner, i naturfolks verdensbilleder og i forskellige afledte tanker om den menneskelige psyke. Disse diskussioner er spændende og stimulerende, men sjældent særligt konkrete, og selvom der i Østens religioner findes udsagn, der godt kan lyde som noget, Bohr kunne have sagt, er det ikke nødvendigvis funderet i det samme tankesæt. Generelt skal man være varsom med at tro, at sammenfald i formuleringer, især når de er allermest dunkle og svære at forstå, også udtrykker en dybere sammenhæng. Daoismens betragtninger ville være de samme og lige så interessante, hvis Plancks konstant var nul, og en helt klassisk fysik havde været dækkende til beskrivelsen af naturens mindste bestanddele.

Overvejelserne, om der skal en bevidsthed til, for at der er foretaget en måling, fik flere fysikere til at søge imod indiske religioner. Dybe tanker om menneskets oplevede virkelighed fra daoismens formodede grundlægger Lao-Zi og andre fra vestlige filosoffer kan da også givetvis inspirere og understøtte forsøg på at formulere fysikkens virkelighedsbegreb. Bohrs solide kendskab til vestlig fi-

ILLUSTRATION 22. NIELS BOHRS VÅBENSKJOLD

losofi og idehistorie[7] har givetvis medvirket til hans insisteren på og evne til at indse det erkendelsesmæssige niveau af den fysiske teoris konsekvenser.

Bohr var også flittig bruger af filosoffernes faglige begreber. Hans synspunkt, at kvantemekanikkens formalisme er en beskrivelse af

---

7 Som ung deltog Niels Bohr aktivt i diskussioner omkring filosoffen Harald Høffding.

vores viden, gør op med fysikken som ontologi (ontologi = læren om verdens virkelige beskaffenhed) til fordel for et epistemologisk synspunkt (epistemologi = teorien om viden). Favrholdt har fremhævet Bohrs arbejde som et væsentligt bidrag til epistemologien, eftersom kvantemekanikkens fortolkning giver en vigtig indsigt i, hvad begrebet viden egentlig betyder.

KAPITEL 6

DEN KVANTEMEKANISKE VERDEN

Kvantemekanikken rejste en række fundamentale spørgsmål: Hvad betyder det, at en elektron er beskrevet som en delokaliseret bølge, og er det virkelig umuligt at forudsige resultatet af en måling? De grundlæggende filosofiske diskussioner af kvantemekanikkens konsekvenser blev som beskrevet ihærdigt anført af Einstein og Bohr, der optrådte som talsmænd for markant forskellige opfattelser. Den dag i dag er der stadig modstridende skoler, som hver især i varierende grad mener at have et klart billede af, hvad der foregår, og en lige så klar opfattelse af, at de andre skolers opfattelser er forkerte. Den venlige kappestrid om den rette fortolkning forhindrer imidlertid på ingen måde tilhængerne af de forskellige anskuelser i at benytte kvantemekanikken i deres forskning. De benytter endda de samme lærebøger til at undervise i kvantemekanikkens formelle struktur og praktiske anvendelse.

Kvanteteorien ser ud, som den gør, fordi den virker, og den er ikke kun en smuk teori udviklet af "teoretikere med filosofiske tilbøjeligheder", selvom dele af den måske godt kunne se sådan ud. Derfor vil vi i de næste afsnit også beskæftige os med den kvantemekaniske beskrivelse af en række fysiske fænomener. Denne bog handler om kvantemekanikken som fysisk teori og ikke kun om dens "paradokser".

Kvantemekanikken fremkom som fysisk teori i et tæt samspil med udviklingen af atomfysikken. Atomkernen og elektronerne og deres indbyrdes vekselvirkninger blev bogstaveligt talt opdaget, samtidig med at den grundlæggende teori blev konstrueret, og overensstemmelsen med eksperimentelle data var på samme tid en bekræftelse af alle teoriens aspekter. Kvantemekanikken er imidlertid – ligesom den klassiske mekanik – en helt generel forståelsesramme for al slags fysik, og den udbredte sig fra emne til emne og satte i løbet af ganske få år fysikforskningen på den anden ende. På den ene side studerede man molekyler og faste stoffer, som var sammensat af atomer, og hvis komponenter bestod af atomernes elektroner og atomkerner. Her var fysikkens grundlag derfor i princippet allerede veletableret, og kvantitative analyser kunne udføres og forklare kendte effekter og udpege nye. På den anden side søgte man ind i atomernes ukendte indre med retning mod kernefysikken og partikelfysikken, hvor man nok en gang måtte sammenkoble teori og eksperimenter for gradvis at forstå, hvad verdens mest elementære byggesten overhovedet er for nogle størrelser, og hvilke kræfter der virker imellem dem.

I dette kapitel vil vi se på områder af fysikken, der først blev blotlagt, efter at kvanteteorien var kendt. Med den færdige formulering af teorien i 1920'erne var der naturligvis også en række tidligere erkendelser, som havde været vigtige skridt på vejen mod kvanteteorien, og som nu skulle revurderes og sættes ind i den rette sammenhæng. Vi har allerede i detaljer beskrevet, hvordan Bohrs atommodel fra 1913 blev det første offer for en sådan revurdering. En tilsvarende revurdering måtte også foretages af Plancks teori for lyset, som jo havde givet startskuddet til hele kvanteteorien.

Kvanteteorien for lys – nu den rigtige

Det var Plancks teori for strålingsspektret, der i år 1900 gav startskuddet til udviklingen af kvantefysikken. I Einsteins teori fra 1905 blev det foreslået, at lysets energi er kvantiseret i energipakker i modstrid med den klassiske bølgebeskrivelse, hvor lysets energiindhold er givet ved kontinuerte talstørrelser, der kan antage alle værdier.

Efter fremkomsten af kvantemekanikken er lysets kvantisering pudsigt nok ikke længere nødvendig for at forstå de nævnte fænomener. Schrödingers ligning for elektronernes bevægelse giver i et isoleret atom anledning til løsninger med bestemte svingningsfrekvenser, og indsætter man i Schrödingers ligning et ekstra led, som beskriver vekselvirkningsenergien med et klassisk svingende elektrisk felt, vil der netop ske en kraftig transformation af bølgefunktionens form fra for eksempel grundtilstanden til en mere energirig tilstand, hvis frekvensen af den ydre påvirkning svarer til forskellen i svingningsfrekvenser mellem de to bølgefunktionsløsninger. Når moderne atomfysiklærebøger beskriver teorien for atomers dynamik i laserfelter, herunder den tilførsel af energi til elektroner, som forekommer i den fotoelektriske effekt, benytter de Schrödingers ligning for elektronerne, men den klassiske bølgeteori for lys!

Det betyder ikke, at lys altid kan beskrives ved den klassiske teori, men i lighed med at tunge, makroskopiske partikler beskrives fortrinligt med Newtons love, er stærke lysfelter så rige på lyskvanter, at lysets kvantenatur maskeres. En egentlig kvanteteori for lys blev dog formuleret af Dirac, som kopierede elementer af Schrödingers og Heisenbergs udledning af kvantemekanikken på Maxwells klassiske teori for lys. Resultatet af Diracs analyse blev, at styrken af de elektriske og magnetiske felter i en given rumlig og tidslig løsning af de klassiske ligninger nu blev matricer i lighed med partiklernes sted og impuls i Heisenberg-billedet (se side 46), og at det elektriske felt i Schrödinger-billedet kan beskrives ved en bølgefunktion, som samtidig tildeler sandsynlighed til flere forskellige feltstyrker, mens energien i feltet antager helt bestemte værdier. Især det sidste resultat er interessant: For enhver klassisk bølgeløsning med svingningsfrekvens f fås de tilladte energier på formen $(n + \frac{1}{2}) \cdot hf$, hvor $n = 0, 1, 2$, osv. Lysets laveste energi i absolut mørke ved frekvensen f er altså $\frac{1}{2} \cdot hf$ og kan derefter stige i hele multipla af hf, og det kan vi nu fortolke sådan, at de forskellige kvantetilstande svarer til tilstedeværelsen af forskellige antal elementære lyskvanter eller fotoner.

I vekselvirkningen med atomer er det ikke kun elektrontilstanden, der ændres. Schrödingers ligning fører også til en ændring af feltets kvantetilstand, som i øvrigt harmonerer med Bohrs klassiske argument, idet et løft af en elektron til et højere energiniveau ledsages af en tilsvarende sænkning af feltets energitilstand. Processer, hvor der opstår lys i retninger og ved frekvenser, der oprindeligt er mørke, kan ikke generelt forklares ved klassiske teorier for stærke felter, og Diracs teori for lyset satte fysikerne Victor Weisskopf fra Tyskland og Eugene Wigner fra Ungarn i stand til at foretage en beregning af strålingsprocesser ved løsning af Schrödingers ligning.

I min egen undervisning i kvanteteorien for lys plejer jeg at motivere lysets kvantisering ved, at "kvantemekanik er smitsom": I den klassiske strålingsteori forstår vi udsendelse af stråling fra for eksempel en mobilantenne, fordi felterne er givet ved ladningernes og strømmenes bevægelse i antennen, dvs. vi har formler, der angiver felternes styrke som funktioner af ladningernes sted og hastighed. Hvis ladningernes bevægelse bliver kvantemekanisk og deres sted og impuls matricer, der skal opfylde xp-px = i ℏ I, må disse egenskaber "smitte", så den samme mystiske matrix-matematik må gøre sig gældende for styrken af de elektriske og magnetiske felter. I nyere tid er det blevet eksperimentelt muligt at studere også meget svage felter og for eksempel direkte eftervise, at der er usikkerhedsrelationer, som gælder for komponenterne af de elektriske og magnetiske felter (som derfor aldrig kan være eksakt nul, heller ikke i totalt mørke).

Det kan være interessant at nævne, at Newton selv skrev en berømt bog om optik og forklarede sine resultater vedrørende lysets egenskaber med en partikelbeskrivelse af lyset. Maxwells teori, som vi benytter i dag, er en bølgeteori, men Maxwell påpegede selv ved en forelæsning, at flertallet af fysikeres skift fra at tro på Newtons partikelbeskrivelse til at acceptere den nye bølgeteori for lyset ikke kun skyldtes argumenternes kraft, men nok så meget, at de fysikere, der havde troet på partikelbeskrivelsen, var døde! Med Plancks og Einsteins teorier genindførtes partikelbeskrivelsen af lyset, mens den fulde kvanteteori forenede begge teorier ved at operere med både diskrete kvantiserede energier og bølgefunktioner.

Atomer

Bohrs og Sommerfelds indledende succeser, men også begrænsningen af denne succes ved beskrivelsen af atomernes spektre, var det afgørende udgangspunkt for de Broglie, Schrödinger og Heisenberg, da de etablerede kvantemekanikken. Efter at have givet et helt nyt billede af brintatomet er det også naturligt at fortsætte med at løse Schrödingers ligning for de større atomer, idet bølgefunktionen Ψ skal opfattes som en funktion af alle elektronernes stedkoordinater. Denne ligning er uhyre kompliceret, og man benytter indtil den dag i dag tilnærmelser, hvor man først løser Schrödingers ligning for hver enkelt partikel, idet man kun tager hensyn til vekselvirkningen med de andre elektroner gennem deres gennemsnitlige ladningsfordeling i rummet. Ligesom Bohr og hans medarbejdere havde bygget atomerne op ved at anbringe elektroner i de inderste tilstande og udefter, er det kvantemekaniske atom udstyret med elektroner, der besætter de beregnede bølgefunktioners tæthedsfordelinger indefra og ud imod tilstande med højere og højere energier.

Det havde allerede under Bohrs tidlige studier været en eksperimentel erkendelse, at man kun måtte have to elektroner i hver bane. Den østrigske fysiker Wolfgang Pauli formulerede en regel, som i dag betegnes som Paulis udelukkelsesprincip. Princippet beskriver, hvordan der aldrig må være to elektroner i en enkelt tilstand med samme bane og spin. Den regel forblev uforandret i den kvantemekaniske beskrivelse, idet Bohrs baner blot blev erstattet af bølgefunktionerne. Vi skal i afsnittet nedenfor om "anden-kvantisering" møde et mere formelt argument for Paulis udelukkelsesprincip.

Ud over at beskrive atomer med mange elektroner ved den effektive enkeltpartikelbeskrivelse lykkedes det den norske teoretiker Egil Hylleraas at bestemme heliumatomets energi med to indbyrdes frastødende elektroner i kredsløb om kernen i grundtilstanden med en meget bedre præcision end den 15 % afvigelse, som Bohr og Sommerfeld havde kæmpet med i den gamle banebeskrivelse. Kvantemekanikken var så afgjort en effektiv beskrivelse af elektronbevægelsen i atomer.

Molekyler

I de fleste stoffer i vores omgivelser forekommer der ikke isolerede atomer, men sammenbundne atomer enten i molekyler af varierende størrelse eller i faste stoffer. Dannelsen af molekyler skyldes, at atomerne tiltrækkes af hinanden. Det er de elektriske kræfter, der er på spil, og selvom atomerne er elektrisk neutrale, kan deres elektronbølgefunktioner forskubbe sig, så der opstår tiltrækning, når atomerne sidder i bestemte vinkler i forhold til hinanden. Vandmolekylet H_2O består for eksempel af to brintatomer H, der sidder i en indbyrdes vinkel ud fra iltatomet O. En effektiv metode til at bestemme kvantetilstandene for molekyler består i at lade, som om atomkernerne er klassiske partikler, der ligger i hvile i bestemte positioner. Herefter løses elektronernes Schrödingerligning i det kombinerede kraftfelt fra alle kernerne. Denne udregning gentager man for forskellige valg af kernernes positioner, og i hvert tilfælde fås forskellige værdier af elektronernes energi. Efter at have fået adgang til elektronenergierne ved forskellige kernepositioner betragter man nu kernebevægelsen kvantemekanisk, idet Schrödingers ligning løses for kernerne med en potentiel energifunktion, der indeholder de fundne bidrag fra elektronernes energi, så kernerne søger mod de konfigurationer, der minimerer elektronernes kvantemekaniske energi og deres egen indbyrdes frastødning.

Argumentet for denne opdeling af problemet er, at kernerne er meget tungere og derfor meget langsommere end elektronerne. I mange tilfælde giver regnemetoden god overensstemmelse med eksperimentelle data, samtidig med at den giver et billede af, hvilke bevægelsesformer der findes i molekyler: elektronbevægelsen med energier i samme størrelsesorden som vi kender dem i atomerne, kernernes vibrationer om deres klassiske ligevægtspunkter (svarende til at brinatomerne i vandmolekylet bøjes imod og væk fra hinanden og forskubbes ud og ind mod iltatomet) og rotation af hele molekylet uden interne deformationer. Alle tre former for bevægelse er kvantemekaniske, og energierne antager bestemte diskrete værdier, som man blandt andet kan undersøge ved spektroskopi. Elektronernes bevægelse kan undersøges med stråling i omegnen af synligt lys. De langsommere vibrationer af de tunge kerner er cirka 1000 gange langsommere og kan undersøges med infrarød stråling, og rotationerne giver energiniveauer med endnu mindre opsplitning i GHz(10^9 Hz)-området.

Der er også kvantemekanik på spil i kroppens celler, når vi i stofskiftet bryder de molekylære bindinger og omdanner kulhydrater (molekyler med kul og brintatomer) og ilt til blandt andet CO_2, som binder et kul- og to iltatomer så meget stærkere sammen, at der bliver energi i overskud. Mange molekylære processer kan illustreres med klassiske modeller for molekylernes opbygning, ligesom de dyr vi bygger af kastanjer og tændstikker om efteråret, men for at få en forståelse af, hvilke processer der foregår, og hvor hurtigt de forløber, er den kvantemekaniske beskrivelse helt nødvendig.

Schrödinger skrev i 1946 en bog med titlen *What is life?*, hvori han argumenterede for eksistensen af en molekylær kode for livet og for de principper, der måtte sætte en sådan kode i stand til at reproducere sig selv. Syv år senere i 1953 identificerede de to molekylærbiologer Francis Crick og James Watson DNA-molekylet, som i sin næsten uendeligt lange sekvens af basepar valgt ud fra et "alfabet" bestående af mindre molekylefragmenter er alle dyr og planters genetiske byggevejledning. Den møjsommelige registrering af hele DNA-molekylet og af, hvordan molekylets enkelte dele koder forskellige arvelige egenskaber og sygdomme, er en af de største naturvidenskabelige udfordringer i disse år. Kvantemekanikken spiller den afgørende rolle for en korrekt beskrivelse af styrken af de molekylære bindinger og af raten for forskellige processer i molekylerne. Der er endda forskere, der mener, at selve det kvantemekaniske grundvilkår om, at partikler er beskrevet ved delokaliserede bølgefunktioner, spiller en vigtig rolle i udviklingsbiologien, idet sandsynlighedsbeskrivelsen tillader biologien at "prøve sig frem" på en særlig effektiv måde.

Faste stoffer

Atomer i meget store mængder kan tilsammen danne faste stoffer, hvor atomkernerne sidder i meget velordnede strukturer. Der kan være tale om en enkelt type atomer som for eksempel i metallerne jern, kobber og guld. Det kan også være i kulatomer, som kan ordne sig i lagdelte strukturer i grafit eller i den meget stærke tredimensionale diamantstruktur. Og der kan være tale om sammensætninger af for eksempel natrium- og kloratomer, der udgør køkkensalt, når de sidder skiftevis i en kasseformet krystalstruktur. Ligesom i molekylerne har kernerne klassiske ligevægtskonfigurationer, hvoromkring deres lokaliserede kvantetilstande kan vibrere, mens de yderste og mest løst bundne elektroner fra de enkelte atomer "tilhører kollektivet" og bevæger sig rundt imellem hinanden i hele materialet.

Løser man Schrödingers ligning for elektronerne i et fast stof, erstattes elektronernes velbestemte energier i atomerne af energibånd, det vil sige intervaller, hvor der findes kvantemekaniske løsninger ved enhver energi, og båndgab, som betegner energiintervaller, hvor der ikke forekommer tilstande for elektronerne.

Den kvantemekaniske beskrivelse af elektronerne i faste stoffer har vigtige konsekvenser: Ifølge bølgebeskrivelsen er de enkelte elektroner udbredte i rummet, og man kan derfor forestille sig, at deres evne til at rejse forbi atomkernerne gennem materialet vil være en anden, end hvis de var små partikler, ligesom en havbølge stort set uhindret passerer gennem et område med et bundgarn, mens fiskene bliver fanget. Pauli-princippet, som dikterer, at der kun må være en enkelt elektron i hver kvantetilstand, har en helt afgørende betydning for mobiliteten af faste stoffers elektroner og dermed for materialers evne til at lede strøm. Som nævnt udgør løsningerne til Schrödingers ligning bånd af energiniveauer, og ligesom i atomerne vil de laveste energitilstande være besat med elektroner. Man kan nu være i den situation, at atomernes elektroner tilsammen netop fylder et helt bånd, således at man må flytte en elektron fra det fulde bånd til en ledig tilstand i et højere bånd, hvis man ønsker at ændre tilstanden og sætte en strøm i bevægelse. Dette kan kræve en energimængde, som kan være meget stor, og materialet vil derfor opføre sig som en elektrisk isolator. Hvis et energibånd ikke har alle tilstande besat, kan man løfte en elektron til en hidtil ubesat tilstand i det samme bånd og med selv den svageste ydre kraft sætte en elektronbevægelse i gang: Materialet er en elektrisk leder.

Ved at tilføre en lille koncentration af fremmedatomer til et isolerende materiale eller ved at bringe forskellige materialer i kontakt med hinanden kan man tilføre nye ubesatte kvantemekaniske tilstande for elektroner nær det fyldte bånd eller nye elektroner i bunden af det næste bånd og dermed skabe materialer med særligt interessante elektriske ledningsegenskaber. Det er sammensatte strukturer af sådanne materialer, de såkaldte halvledere, der udgør dioder og transistorer i moderne elektronik.

Selvom elektronerne rejser som bølger gennem de faste stoffer, betyder det ikke, at al elektrisk modstand er ophævet. Elektronerne vekselvirker med hinanden og især med atomkernerne, som de kan puffe til og herved afgive deres bevægelsesenergi til materialet i form af varme. Hvis materialet bliver meget varmt, kan det endda begynde at gløde og lyse som i elektriske pærer. Dog har det været kendt siden hollænderen Kamerlingh Onnes' forsøg i 1911, at visse meget nedkølede materialer mister enhver elektrisk modstand, og at elektriske strømme kan løbe for evigt. Forskellige forklaringer på dette fænomen er fremkommet gennem tiderne, men først i 1957 fremkom amerikanerne John Bardeen (som vi også kan takke for opdagelsen af transistoren), Leon N. Cooper og John R. Schrieffer med en teori, ifølge hvilken stoffets elektroner under indflydelse af såvel deres indbyrdes kræfter som Pauli-princippet danner såkaldte Cooper-par. Disse par føler en slags effektiv binding, som kun kan brydes ved tilførsel af energimængder, som ikke er til stede i stoffet ved lave temperaturer. Elektronerne kan derfor ikke andet end fortsætte deres strøm gennem materialet.

Superledere er nyttige ved produktionen af stærke magnetfelter i elektromagneter, som ikke bliver varme på grund af de stærke strømme, og de benyttes blandt andet i MR-scannere i hospitaler og i MagLev-tog, der svæver på et stærkt magnetfelt i stedet for at køre på skinner.

Atomkernens fysik

Rutherford identificerede i 1911 atomkernen som en meget kompakt, tung positivt ladet partikel. Den atomare spektroskopi giver information om styrken af det elektriske potential og dermed af forskellige atomkerners ladning, og man kunne i forsøg, hvor man afbøjede de ioniserede, elektrisk ladede atomer i magnetfelter, bestemme deres masse. Disse studier viste, at der findes flere såkaldte isotoper af atomer med samme kerneladning og elektronstruktur. Deres masse er forskellig, men dog altid meget tæt på et helt antal gange brintatomets masse. Det fik i 1920 Rutherford til at foreslå, at atomkernen selv er opbygget af elementære byggesten: partikler med modsat ladning af elektronen, de såkaldte protoner, og lige så tunge neutrale partikler kaldet neutroner. Rutherford havde selv observeret de første kernereaktioner, hvor der ikke bare fandt elastisk spredning, men også omorganisering af kernerne sted. Neutronen blev opdaget af engelske James Chadwick i 1932, som skabte kernereaktioner, hvorunder enkelte neutroner undslap og kunne detekteres.

Rutherfords spredningsforsøg viste, at atomkernen er meget lille, men mere præcise forsøg har faktisk senere vist, at der er tale om partikler med en radius på omkring en femtometer[8]. Da protonerne har samme ladning og derfor må frastøde hinanden elektrisk, og neutronen ikke "føler" elektriske kræfter, må kernepartiklernes binding til hinanden skyldes en anden og meget stærkt tiltræk-

---

8 En femtometer (fm) er en længdeenhed, der benyttes internationalt, men faktisk kommer præfikset "femto" fra det danske ord femten, fordi 1 fm = 10^{-15} m = 0,0 … 01 m, hvor 1-tallet står på den 15. plads efter kommaet. Laserfysikere laver i dag fs-pulser, der er af femtosekunders varighed, 1 fs = 10^{-15} s, og endda så korte som nogle hundrede attosekunder, 1 as = 10^{-18} s, opkaldt efter ordet atten; desværre lyder det danske ord "enogtyve" ikke særlig mundret på andre sprog, så der er ikke flere danske bidrag i vente til internationale præfikser.

ILLUSTRATION 23. ATOMKERNEN MED NEUTRONER OG PROTONER

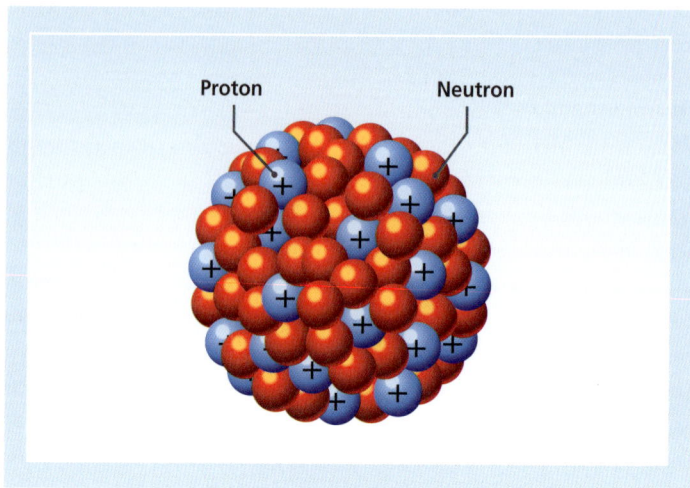

kende vekselvirkning, og da spredningsforsøg med ladede kerner ved afstande blot en lille smule større end kernens radius kun viser den sædvanlige elektriske frastødning, må de tiltrækkende kerne-kræfter have meget kort rækkevidde. Kernepartiklerne er meget mere komplicerede at beskrive end elektronerne i de større atomer, fordi vekselvirkningen er så meget kraftigere, og i modsætning til elektronerne holdes kernepartiklerne ikke i kredsløb om en fælles meget tungere tiltrækkende partikel, men tiltrækkes alle af hinanden og har næsten samme masse.

Teorien for kernerne skulle også forklare de forskellige former for radioaktivitet, der er observeret siden år 1900 i forskellige materialer i form af udsendelse af stråling og ladede partikler. Alfa-henfaldet er en kvantemekanisk proces, som udnytter en helt speciel effekt af bølgebeskrivelsen. Den ladede alfa-partikel er en "bande" bestående af to protoner og to neutroner, som frastødes elektrisk af moder-kernen ved store afstande og tiltrækkes ved korte afstande, hvilket betyder, at der vil være et mellemområde, som den ikke kan trænge igennem. I den klassiske mekanik ville man kunne beregne, i hvilke afstande den potentielle energi V overstiger den totale energi E, og da den kinetiske energi ½ mv² ikke kan være negativ, er bevægelse her ifølge den klassiske teori umulig.

Bølgefunktionsløsningen til Schrödingers ligning udbreder sig imidlertid i hele rummet. Den antager ganske vist de største værdier i de dele af rummet, som er "klassisk tilladte", men den er ikke eksakt nul i de forbudte områder. I stedet ser man typisk, at funktionens værdi aftager, når man udforsker den dybere og dybere ind i de "forbudte" områder, og den aftager hurtigere og hurtigere, jo "mere forbudt" det er. Heisenbergs usikkerhedsrelation for energi og tid giver et fingerpeg om, hvor længe, eller hvor stor en del af tiden, en partikel kan bryde med energibevarelse, og i kvantemekanikken er det altså tilladt en partikel at rejse igennem et område, som er energimæssigt forbudt i den klassiske fysik. Det er denne såkaldte tunnel-effekt, der gør alfa-henfaldet muligt for de kerner, hvor "der er lys for enden af tunnellen", dvs. hvor slutprodukterne af processen til sene tider har samme energi, som man starter med.

Den elektriske frastødningskraft mellem ladede partikler gør det svært at studere kernereaktioner i kollisionsforsøg, da det er svært at få kernerne tæt nok på hinanden til, at kernekræfterne kommer i sving. Rutherford var lykkedes med enkelte studier, men i 1930'erne kom der for alvor gang i eksperimenterne, da den italienske fysiker Enrico Fermi indså, at den elektrisk neutrale neutron kan trænge uhindret frem og kollidere med atomkernen. Fermis strøm af data for kernereaktionsprocesser rejste straks behovet for yderligere teori. Det siger meget om den hast, hvormed videnskabelige fremskridt foregik i 1930'erne, at neutronen først blev opdaget i 1932, men allerede straks derefter blev taget i brug som værktøj til yderligere udforskning af atomkernens fysik.

Kernepartiklernes bevægelse beskrives ved løsninger til Schrödingers ligning ligesom elektronernes bevægelse i atomet, men på grund af de stærke vekselvirkninger var en enkelt-partikelbeskrivelse i lighed med beskrivelsen af elektronerne i de større atomer ikke en farbar vej til en god beskrivelse af kernefysikken, og man slog ind på andre, mere effektive beskrivelser. Niels Bohr foreslog i et berømt arbejde fra 1936 en fortolkning af spredningsdata, hvor en indkommende neutron reagerede meget stærkt med en atomkerne, ligesom stødballen i åbningsstødet i et spil amerikansk billard rammer en tæt samling af billardkugler i et kompakt mønster på midten af bordet. På billardbordet er der gnidningsmodstand, og kuglerne falder til sidst til ro. Der er ikke egentlig gnidning i kernen, men så længe energien er fordelt på mange partikler, vil ingen enkelt partikel have tilstrækkelig energi til at forlade kernen, og kun når der efter lang tid opstår en tilfældig opsamling af energien på en enkelt partikel, vil den kunne undslippe.

Tyskerne Otto Hahn og Fritz Strassmanns kemiske analyse af restprodukterne efter neutronbestråling af uran (uran har 92 protoner) viste overraskende fremkomsten af et helt andet grundstof, nemlig barium (med kun 56 protoner). Den østrigske fysiker Lise Meitner, som oprindeligt arbejdede sammen med Hahn, men som på grund af sin jødiske afstamning måtte opholde sig i eksil i Sverige, foreslog sammen med sin nevø Otto Frisch, at der måtte have fundet en spaltning af hele kernen sted. Bohr kastede sig også over dette problem og anvendte igen billardstødsmodellen, idet han forestillede sig, at den ophobede energi i alle kernepartiklerne kunne samles i to klumper kernestof, der havde nok energi til at flyve fra hinanden og derefter kunne identificeres som helt nye stoffer.

I energiregnskabet skal man huske betydningen af alle vekselvirkninger og Pauli-princippet, som også gælder for kernepartikler og blandt andet har som konsekvens, at kerner med et lige antal af hver slags kernepartikler og derfor lige mange partikler med hver spinværdi, er mere bundne og stabile end kerner med ulige antal. Dette ledte Bohr til at foreslå, at uranisotopen med massetal 235 (antallet af protoner plus antallet af neutroner) for eksempel er mere tilbøjelig til at spaltes end den i naturen hyppigere forekommende uranisotop med massetallet 238. Bohr og amerikaneren John Archibald Wheelers artikel om kernespaltningen udkom i det amerikanske tidsskrift *Physical Review* den 1. september 1939. Samme dag udbrød Anden Verdenskrig i Europa, og blot seks år senere var verden vidne til kernespaltningens enorme ødelæggende kræfter, da det amerikanske bombefly Enola Gay kastede bomben Little Boy med 60 kg Uran-235 over Hiroshima i Japan. Tre dage efter blev et andet bombefly, Bockscar, sendt på vingerne med en anden atombombe, Fat Man, om bord med Nagasaki som destination. Fat Man virkede ved en anden kerneproces, og blot 8 kg af stoffet Plutonium-239 forårsagede massive ødelæggelser og slog omgående 75.000 mennesker ihjel.

ILLUSTRATION 24. ATOMBOMBEN OVER NAGASAKI

Blandt Bohrs mest kendte publikationer er hans brev fra den 9. juni 1950 til FN, hvori han appellerer til øget kontrol med de ødelæggende kernevåben:

Enhver udvidelse af grænserne for vor viden pålægger individer og nationer et forøget ansvar som følge af de muligheder, der derigennem skabes for at ændre vilkårene for menneskenes tilværelse. Den indtrængende påmindelse herom, som vi i vor tid har fået, kan ikke lades uænset og skulle gøre det klart for enhver, hvor alvorlig den prøve er, som vor hele civilisation er stillet på.

Bohrs meget intuitive billede af atomkernens komponenter i indbyrdes bevægelse fik stor betydning for udviklingen af kernefysikken. Bohrs egen søn, Aage Bohr, fortsatte arbejdet og fik i 1975 Nobelprisen i fysik sammen med amerikanerne Ben Mottelson (dansk statsborger siden 1971) og James Rainwater for arbejdet med væske-dråbe-modellen af kernefysikken, som forenede den klassiske stoflige opfattelse i billardbeskrivelsen med mere kvantemekaniske elementer.

Kerner og stjerner

Vi har tidligere diskuteret detektivarbejdet med de atomare spektre, som man kan observere fra stjerner og gaståger i universet, og som giver oplysninger om stofsammensætninger, temperaturer og andre forhold. Vi kan se millioner af stjerner, og vi kan foretage beregninger af de mest sandsynlige scenarier for stjerners udvikling, og vi kan tjekke modellerne ved at se, om der er andre stjerner, der er nået til de forskellige beregnede stadier og derfor formentlig gennemgår den samme udvikling. Vi kan også se både nære og fjerne objekter, og vi ved, at lyset fra de fjerneste objekter har været længe undervejs og derfor blev udsendt på et tidligere tidspunkt i universets udviklingshistorie. Det har på basis af alle observationer og teorier været muligt at tegne et konsistent billede af, hvordan stjerner opstår og udvikler sig. Modellerne er så detaljerede, at de opererer med stofsammensætning, tryk og temperatur i forskellige dybder under stjernernes overflade. Meget præcise observationer af stjerneskælv (svarende til jordskælv på vores klode) har hjulpet med til at bekræfte gyldigheden af sådanne beregninger.

I korte træk ser universets historie sådan ud: Det hele begyndte for cirka 14 milliarder år siden med et brag, det såkaldte Big Bang, hvor universet opstod ud af intet. Hvorfor det opstod, om der eksisterede universer før, og om der findes andre universer nu, er vanskelige og delvist meningsløse spørgsmål, da vi kun kan se, hvad der skete i vores eget univers efter braget. Straks efter Big Bang begyndte temperaturen at falde, og da den var faldet til nogle tusinde grader, begyndte elektroner og protoner at binde sig til hinanden, da den elektriske tiltrækning blev tilstrækkelig til at indfange og fastholde elektronerne. Fra at være en suppe af ladede partikler blev verden nu elektrisk neutral, og store gasskyer opstod. De neutrale brintatomer frastødte ikke hinanden, og på grund af tyngdekraften trak gasskyerne sig sammen og blev til stjerner. I stjernerne steg tætheden, trykket og temperaturen meget kraftigt og nåede sådanne højder, at energien nu var tilstrækkelig stor til at overkomme den elektriske frastødning mellem forskellige protoner, og en egentlig kernefusion med skabelse af tungere kerner kunne nu finde sted.

Astronomer kan med deres stjernekikkerter se, at de store gasskyer er sæde for fødslen af sådanne unge stjerner. Hvis en stjerne er lille, vil den gradvist brænde ud, men hvis den er stor, løber kerneprocesserne på et tidspunkt løbsk, og stjernen eksploderer i det, vi kender som en supernova (en "super ny" stjerne, som det blandt andet var Tycho Brahe forundt at observere i 1572). Under supernovaens udslyngning af stof opstår der voldsomme tryk og temperaturer, og kerneprocesserne fortsætter med produktion af tungere og tungere grundstoffer, hvorefter det ekspanderende stof afkøles gradvist og rejser gennem rummet.

Endnu en gang træder tyngdekraften i funktion og får det afkølede stof til atter at falde sammen, men denne gang i en stjernedannelse, hvor de tungere grundstoffer lige fra starten er til stede. Da vores egen moderstjerne, Solen, blev dannet på denne måde for cirka 4,5 mia. år siden, var der enkelte klumper af stof, der forblev i kredsløb og dannede planeterne. Grundstofsammensætningen for Solen, Jorden og alle de andre planeter er da også fuldstændig ens og – så vidt vi kan måle – i god overensstemmelse med supernova-kollapsmodellerne. Groft sagt er vi og hele Solsystemet samlet sammen af rester fra et overskudslager fra en allerede eksploderet stjerne. Hvis beregningerne holder stik, vil det sige, at for eksempel alle de fluor-atomer, der findes i hele Solsystemet og derfor også i al tandpasta, er skabt på et nogenlunde velbestemt tidspunkt under vores "mormor-stjernes" supernova-eksplosion.

De kvantemekaniske effekter virker kun på det mikroskopiske niveau i universets og i solsystemets store udviklingshistorie, men havde kvantemekanikken ikke sikret stabiliteten af brintatomets inderste tilstande, og havde tunnel-effekten ikke tilladt de energirige protoner at fusionere til tungere kerner, og havde Pauli-princippet ikke holdt både kernepartiklerne og elektronerne i atomet "ud i strakt arm" fra hinanden, havde grundstofferne, som vi kender dem, og vi selv ikke været her i dag!

Og havde energierne i atomerne ikke været kvantiseret og ført til de spektroskopiske fingeraftryk for de stoffer, der befinder sig lysår herfra, havde vi aldrig opdaget, hvordan det kunne lade sig gøre!

KAPITEL 7

KVANTEFELTTEORI

Jeg skrev tidligere, at Heisenbergs og Schrödingers teorier var generelle, og at man blot skulle indsætte kræfter og egenskaberne for de partikler, man var interesseret i, for at opstille og løse de teoretiske ligninger for al ny fysik. Lad mig modificere det udsagn en smule: Heisenbergs idé om at benytte matricer og Schrödingers idé om at benytte bølgefunktioner er robuste og vejledende for al teoretisk kvantefysik den dag i dag, men for at kunne håndtere en række specielle situationer var det faktisk nødvendigt at lave lidt om på ligningerne. Det viste sig også nyttigt at bruge andre metoder til at visualisere processer og dynamik.

I dette kapitel vil jeg først beskrive et arbejde, som Dirac startede som et "troskyldigt" forsøg på at inkludere Einsteins specielle relativitetsteori i Schrödingerligningen, og som endte med at føre til opdagelsen af elektronens antipartikel. Jeg vil derefter beskrive amerikaneren Richard Feynmans omskrivning af kvanteteoriens bølgedynamik til en sum af bevægelse langs alle mulige og umulige vejbaner og mere generelt en sum af historier med alle hånde fantastiske processer med partikler og antipartikler, der kommer og går. Disse indsigter er afgørende for det næste dyk ned i de allermindste elementarpartiklers underverden.

Diracligningen, elektronhavet og elektronens antipartikel

Som omtalt tidligere kombinerede Sommerfeld i 1916 Einsteins specielle relativitetsteori med Bohrs banebeskrivelse og fandt herved sin finstruktur-formel for brintatomets energiniveauer. Denne formel var meget præcis i forhold til eksperimenter, men var jo ikke blevet udledt på grundlag af Heisenbergs og Schrödingers kvantemekanik, og Dirac forestod i 1928 arbejdet med at forene relativitetsteorien med den rigtige kvanteteori og Schrödingers ligning. Hvis man sammenligner den sprudlende udvikling af kvanteteorien i 1920'erne med et fyrværkeri af nye opdagelser og resultater, er Diracligningen en af de største og mest overraskende raketter i dette fyrværkeri.

Udgangspunktet er, at Schrödingerligningen "koder" det klassiske udtryk for energien i form af en ligning for bølgefunktionen. I Newtons mekanik er energien summen af den kinetiske og den potentielle energi, $E = \frac{1}{2} mv^2 + V$, hvor potentialet er nul, og det sidste led derfor bortfalder for en fri partikel. I Einsteins specielle relativitetsteori fra 1905 optræder en ækvivalens mellem masse og energi, således at en partikel med massen m, selv når den er i hvile, besidder en energi, der er givet ved Einsteins berømte formel, hvor c er lysets hastighed:

$$E = mc^2$$

Da c = 300.000 km/s er en voldsomt stor hastighed, taler vi om et ganske enormt energiindhold i forhold til den kinetiske energi på $\frac{1}{2} mv^2$, men da stof jo ikke bare kan forsvinde, er der tale om en indre energi, som kun i meget ringe grad kan omsættes til for eksempel elektricitet eller varme.

$E = mc^2$ er blevet en slags emblem for relativitetsteorien, som i virkeligheden er en fuldt udbygget teori for bevægelse med radikale afvigelser fra Newtons mekanik, når legemer bevæger sig med hastigheder, som er sammenlignelige med lysets hastighed. Legemers masse vokser, når de bevæger sig; fysiske afstande og længder bliver kortere, og tiden går langsommere set af en iagttager i bevægelse i forhold til det observerede objekt eller fænomen. Fysikkens formler ser derfor noget anderledes ud end i den klassiske mekanik.

For en partikel i bevægelse med impulsen p gælder Einsteins udvidede formel,

$$E^2 = c^2p^2 + m^2c^4$$

Vi iagttager først, at det første led forsvinder for p = 0, og at formlen kan reduceres til kvadratet på Einsteins førnævnte udtryk for energien. En lille udregning viser endvidere, at for lave hastigheder får E værdien ~ $\frac{1}{2} mv^2 + mc^2$, og relativitetsteoriens formel går altså naturligt over i den klassiske mekaniks formel for den kinetiske energi plus formlen for sammenhængen mellem hvilemasse og energi.

Dirac var på udkig efter en bølgeligning, der skulle virke for relativistiske partikler, og med vores tidligere oversættelse (se faktaboksen side 54) af energien E til i ħ ∂/∂t og impulsen p til -i ħ ∂/∂x forsøgte Dirac sig med en omformning af Schrödingers ligning på formen

$$i\,\hbar\,\partial\Psi/\partial t = -i\,\hbar\,c\,(\alpha_x\partial\Psi/\partial x + \alpha_y\partial\Psi/\partial y + \alpha_z\partial\Psi/\partial z) + \beta mc^2\Psi$$

Dirac indførte symbolerne α_x, α_y, α_z og β og krævede, at de skulle antage værdier, således at man netop genfinder Einsteins generelle formel for den klassiske energi. En ikke særlig svær matematisk udregning viser, at det ikke kan lade sig gøre, hvis α_x, α_y, α_z og β er tal. Hvis de derimod er (små) matricer med fire rækker og søjler, og hvis den enkelte bølgefunktion Ψ erstattes af fire bølgefunktioner stående i en tabel under hinanden, får man en ligning, som giver en vis form for mening.

Diracs ligning "deler venstreside" med Schrödingers ligning og giver ligesom denne et udtryk for den tidslige variation af bølge-funktionen udtrykt ved et passende regnestykke, man kan udføre, når man kender bølgefunktionen og indsætter den på højre side af ligningen. Studeres bevægelse i et kraftfelt, svarende til en potential-funktion V, indsættes dette potential ligesom i Schrödingers ligning på lige fod med de andre led på højre side af Diracligningen.

Dirac havde her opstillet en ligning med nogle rent formelle egenskaber, og den skulle naturligvis afprøves for elektronen i brint-atomet. Resultatet af en sådan udregning var, at man får tilstande med svingningsfrekvenser i eksakt overensstemmelse med eksperi-menterne og Sommerfelds finstruktur-formel, hvilket er forbløf-fende, i betragtning af hvor forskellige metoder og formalismer der ligger til grund for de to resultater.

Hvorfor er der fire funktioner i beskrivelsen? En simpel analyse viste, at tilstandene er parvist forbundet med de to mulige værdier af elektronens spin, som man tidligere havde erkendt, var nødvendig for at forklare elektronernes bevægelse og atomernes energispektre, når de blev udsat for magnetfelter. Spinnet, den indre magnetnål, var altså en konsekvens af relativitetsteorien. Den yderligere fordobling af antallet af funktioner fremkommer, fordi Einsteins formel $E^2 = c^2p^2 + m^2c^4$ kun vedrører kvadratet på energien, og energien selv kan derfor være både positiv og negativ – svarende til tilladte energier ved alle værdier større end eller lig med mc^2 (med $E = mc^2$ for $p = 0$ og højere energier for værdier af p forskellig fra 0), men også løsninger ved negative energier, der alle skal være mindre end $-mc^2$. I den klassiske mekanik erklæres den slags negative løsninger for meningsløse og smides væk, men Dirac var mere forsigtig og tog et ekstra kig på de nye kvantemekaniske løsninger og deres mulige konsekvenser.

I første omgang lurer der en katastrofe i de negative løsninger: Hvis elektronen kan befinde sig i tilstande med vilkårlig stor negativ energi, kan man forestille sig, at elektroner i alt stof altid vil kunne henfalde til endnu lavere liggende tilstande under udsendelse af lys ligesom i Bohrs forklaring på atomar lysudsendelse. Da de negative energier strækker sig fra $-mc^2$ og uendeligt langt ned, vil alt stof derfor blive ustabilt og henfalde i det uendelige – og det ser vi jo heldigvis ikke eksperimentelt. I stedet for straks at forkaste de negative energiløsninger havde Dirac dog en dristig og helt fantastisk forklaring på det manglende henfald. Han foreslog nemlig, at der godt nok findes endog uendelig mange tilstande med negative energier, men vores elektron henfalder ikke til dem, fordi der allerede er elektroner til stede i alle de uendeligt mange tilstande med negativ energi (!). Ligesom i opbygningen af atomet kan der kun være to elektroner i hver bane, så er pladsen allerede optaget, kan der ikke være plads til flere, og elektroner med højere energi kan altså alligevel ikke falde ned i de lavtliggende tilstande. Vi bevæger os i denne beskrivelse rundt i et "hav" med uendelig tæthed af elektroner med negativ energi. Da "havet" rumligt har en konstant ladningstæthed, mærker man ingen elektriske kræfter fra det, og vi kan bevæge os fra sted til sted lige så frit, som hvis elektronhavet slet ikke var der.

Har dette hav af elektroner da slet ingen eksperimentelle konsekvenser? Jo, det har det, hvis vi for eksempel beskyder det med stråling eller partikler, så en elektron løftes op af havet – på samme måde som vi forklarer lysabsorption i Bohrs atommodel ved, at en elektron løftes fra en lavere liggende til en højere liggende tilstand i et atom. Den mindst mulige tilførte energi for at løfte elektroner ud af Diracs negative hav er $2mc^2$, som er cirka en million gange større end normale energier i atomfysikken, men skulle det ske, har vi altså fået en elektron, som tilsyneladende ikke var der før, og vi har skabt et hul (en boble) i havet, hvor elektronen oprindeligt opholdt sig, og de to kan nu bevæge sig i hver sin retning. Bemærk, at hullet fremstår som en positiv ladning på baggrund af det negativt ladede hav. Når jeg vender min shampooflaske på hovedet, ser jeg luftboblen stige til vejrs på grund af tyngdekraften, som om den har negativ masse, og på samme måde vil elektriske kræfter virke modsat på hullet og på elektroner. Hullet opfører sig som en partikel med en masse, der er lig elektronens masse, hvilket også stemmer overens med, at hullet og elektronen kan opstå af intet ved at tilføre præcis den energimængde, $2mc^2$, der ifølge Einsteins berømte formel svarer til summen af de to masser. Det er netop den proces, hvor en elektron fra havet ved $-mc^2$ løftes op til den positive energi mc^2.

ILLUSTRATION 25. ELEKTRONHAV OG PARDANNELSE

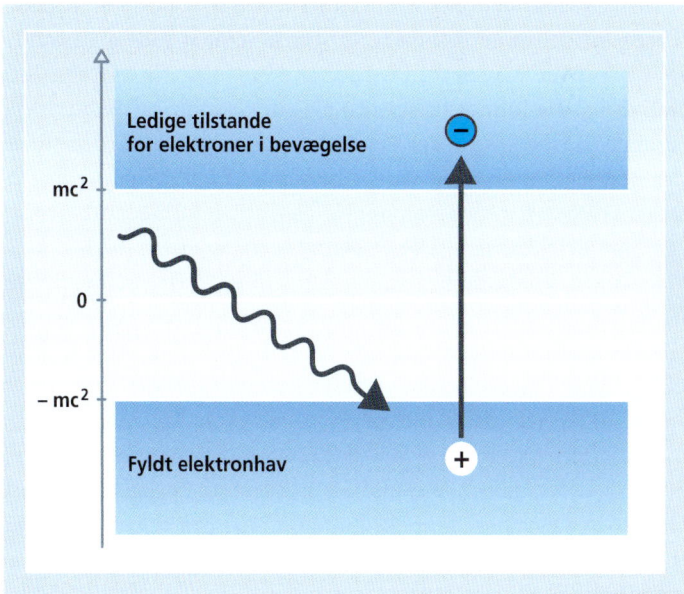

Foruden en præcis overensstemmelse med finere spektroskopiske detaljer gav Diracs ligning anledning til paradoksale effekter som et uendeligt elektronhav, hvori der kan opstå huller, der opfører sig som positivt ladede partikler.

I 1931 fandt man i strålingen fra himmelrummet en ny partikel med samme masse som elektronen og med modsat ladning. Denne partikel svarede perfekt til Diracs "boble" i elektronhavet, og man indså, at kvanteteorien havde forudset eksistensen af en ny partikel, og af ideen om, at et hul er en slags "modsat" partikel, opstod den generelle idé, at der til alle partikler hører sådanne "antipartikler". Elektronens antipartikel betegnes positronen, og et elektron-positron-par opstår som beskrevet ovenfor ved, at elektronen løftes op af havet og efterlader et hul, dvs. skaber en positron, hvis der vel at mærke er energi nok til stede. Hvis en elektron derimod møder et positivt hul, kan den "hoppe ned i det" og fylde det ud, så elektronen og dens antipartikel, positronen, opløser hinanden og bliver til ren energi.

Positronen er i dag en særdeles velundersøgt partikel. Den kan produceres eksperimentelt på mange forskellige måder og er også en del af det radioaktive henfald af visse atomkerner. Den har endda teknologiske anvendelser, idet den på Århus Sygehus' PET Center (Positron Emission Tomography) for eksempel indgår i en meget fintfølende måde at undersøge patienters og forsøgspersoners hjerner på. Positroner udløst af radioaktive sporstoffers henfald i patientens blod støder sammen med elektroner i det omgivende stof i patienten, og eftersom den udsendte stråling kan stedfæstes meget præcist, kan den nøje angive blodtilstrømningen til forskellige områder i hjernen. Det er særligt interessant for studier, hvor man kan se, hvilke dele i hjernen der er aktive, når vi udsættes for forskellige påvirkninger og løser forskellige opgaver.

Diracs ambition om at forene Schrödingerligningen med Einsteins relativistiske energiformel var mere end lykkedes. Den havde ført til en formel forståelse af, at elektronens spin var en konsekvens af relativitetsteorien, og til opdagelsen af elektronens antipartikel. Begge disse fysikfænomener er direkte observerbare, og de spiller en rolle for den finere struktur i brintatomets energispektrum, men det er lidt af en gåde, hvordan Sommerfelds meget simplere inddragelse af Einsteins formel i den klassiske banebeskrivelse – uden kendskab

ILLUSTRATION 26. HJERNESCANNING MED PET-SCANNER

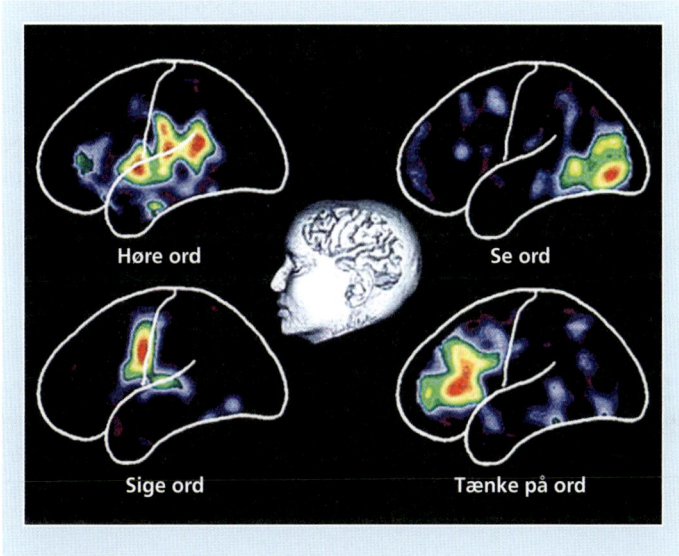

til hverken bølgefunktioner, spin eller antipartikler – i 1916 kunne give de eksakt samme resultater for energien i brintatomet!

Atomkernen har andre byggestene, som vi skal vende tilbage til, og alle elementarpartikler har antipartikler, hvis de ikke, som fotonen, er deres egne antipartikler.

Symmetri

Mod aften nåede den til et fattigt, lille bondehus; det var så elendigt, at det ikke selv vidste til hvad side det ville falde, og så blev det stående. (H.C. Andersen, *Den Grimme Ælling*)

I arbejdet med den kvantemekaniske beskrivelse af atomer med flere elektroner fandt den ungarske fysiker E.P. Wigner ud af, at symmetrier i kvantemekanikken har en endnu vigtigere rolle end i den klassiske fysik. Det skyldes, at bølgefunktionen, som jo antager værdier forskellige steder i rummet, selv kan være symmetrisk og derved afspejle de symmetrier, som kræfterne på partiklen har, på meget stærkere vis end en klassisk løsning på Newtons love. Tager vi for eksempel en partikel, som kan bevæge sig frit inden for et interval i en dimension, er de ydre kræfter symmetriske under en spejling omkring midten af intervallet (ombytning af det venstre og højre endepunkt), og i det tilfælde kan løsningerne til Schrödingers ligning vælges, så bølgefunktionerne enten er uændrede eller skifter fortegn ved den samme spejling. Vi har tidligere (side 61) skitseret nogle af løsningerne til dette problem, og vi ser, at netop hver anden af disse funktioner er uændrede, og hver anden skifter fortegn, når man foretager en spejling omkring midten af det interval, som partiklen bevæger sig inden for. Fortegnsskiftet på bølgefunktionen har ikke konsekvenser for sandsynligheder, da man jo skal tage kvadratet på bølgefunktionen, så sandsynligheden for at træffe partiklen er helt symmetrisk omkring midten af intervallet.

I den klassiske fysik skal en partikel jo være et eller andet sted, og kun midten af et interval er i den henseende en "symmetrisk" position for partiklen, Hvis den skal være i bevægelse, må den enten bevæge sig mod højre eller venstre, og derved bryder den symmetrien.

Schrödingers løsning for bølgefunktionerne antager værdier i hele rummet. Specielt er grundtilstanden for brintatomet sfærisk symmetrisk – dvs. den er snarere beskrevet ved en kugle, som er symmetrisk under vilkårlige rotationer i rummet, end ved Bohrs banebevægelse i en cirkel, der i lighed med de klassiske Keplerbaner bryder den fulde symmetri ved at "foretrække" at foregå i en bestemt baneplan!

Symmetrier er et fabelagtigt værktøj i kvantefysikken, og de kan benyttes til at drage vidtrækkende konklusioner om fysiske systemers egenskaber. Den tyske matematiker Emmy Noether lagde det matematiske grundlag for en forståelse af fysikkens bevaringslove ud fra symmetrier: Hvis et fysisk system er uændret under en spejling, rotation eller forskydning, medfører det, at bestemte fysiske egenskaber vil være uændrede, når tiden går. Translationssymmetri (hvis der ikke er stedafhængige kræfter) giver anledning til impulsbevarelse; rotationssymmetri giver anledning til bevarelse af baneimpulsmomentet; ser Schrödingers ligning ens ud til alle tider, er der bevarelse af systemets energi; bevarelse af den totale mængde af elektrisk ladning og forskellige typer af elementarpartikler er begrundet i symmetrier i Maxwells ligninger og den abstrakte matematiske teori for partikler.

Noether blev i 1915 inviteret til Göttingen af den berømte tyske matematiker David Hilbert, men Det Filosofiske Fakultet modsatte sig hendes ansættelse, fordi hun var kvinde, og hun måtte derfor forelæse i Hilberts navn[9]. I såvel atomfysik som kemi er symmetriargumenter af afgørende betydning, fordi de forklarer, hvordan bestemte processer, og nogle af Bohrs kvantespring, er "ulovlige", idet de involverede tilstande har symmetrier, som ikke kan forenes under de pågældende processer.

Anden-kvantisering – "to Anders"

Da min datter, Ida, for mange år siden gik i vuggestue, opdagede jeg en dag, at hun omtalte to tvillinger, Anders og Jesper, som "to Anders". Jeg får desværre aldrig rigtig at vide, hvordan min to-årige datter opfattede verden dengang, men jeg holder umådeligt meget af den tanke, at små børn måske kan opfatte verden helt naturligt sådan, at ligesom de kun har en hue, men to vanter, er der i vuggestuen nogle børn, der kun er en af, og andre børn, der kan være to af!

Møntsamlere skelner mellem en-kroner fra forskellige år og med forskellige motiver og har sikkert et mere detaljeret forhold til indholdet af deres pengepung, end jeg har, men i den mikroskopiske verden, hvor elementarpartiklerne er eksakt ens, er der fra et grundlæggende synspunkt ingen ekstra viden gemt i, hvor de individuelle elektroner for eksempel gemmer sig i atomerne: De er alle fuldstændig ens, og antallet af partikler i hver mulig tilstand er den eneste information af fysisk relevans.

Efter at have bestemt Schrödingerligningens løsning og de tilhørende kvantiserede energiniveauer kan man vende sig mod spørgsmålet, om der rent faktisk er partikler til stede i de pågældende tilstande eller ej. Den formelle beskrivelse af dette spørgsmål betegnes "anden-kvantisering", og på samme måde som bølgefunktionen beskriver en tilstand, hvor partiklen har sandsynlighed for at være flere steder på samme tid, tillader anden-kvantisering, at antallet af partikler også har sandsynligheder for at antage flere værdier på

9 Hilbert skulle på et tidspunkt, forgæves, have talt hendes sag og understreget, at der var tale om en universitetsansættelse – ikke om et medlemskab af en badeklub.

samme tid. Antallet af partikler har altså ikke nødvendigvis en fast værdi som i den normale, klassiske verden.

En fordel ved denne beskrivelse, hvor man holder øje med antallet af partikler, er, at bogholderiet bliver væsentligt formindsket, når man kan registrere et system med mange genstande ved deres antal snarere end som individuelle objekter – ligesom min datter, måske lidt overdrevent, gjorde det med sine venner i vuggestuen.

Vi så tidligere på den rolle, geometriske symmetrier spiller for kvantetilstande. De mikroskopiske partiklers uskelnelighed er et andet eksempel på, hvordan en symmetri i naturen kan have vidtrækkende konsekvenser. Vi taler her om ombytningssymmetrien: En bølgefunktion, der beskriver to ens partikler, skal give de identisk samme eksperimentelle forudsigelser, hvis man bytter de to partikler om. Bytter man dem om endnu en gang, vender man tilbage til den oprindelige tilstand, og man skal derfor få den samme bølgefunktion igen. Idet det jo er kvadratet på bølgefunktionen, der giver de eksperimentelle forudsigelser ifølge Borns fortolkning, kan man matematisk både bruge bølgefunktioner, der løser dette ombytningsproblem ved at være uændrede, og bølgefunktioner, der skifter fortegn, når man ombytter to ens partikler.

Sådan viser naturen sig netop at være indrettet i to familier af partikler: De, der bevarer fortegnet under ombytning, kaldes bosoner efter den bengalske fysiker Satyendra Nath Bose, og de, der skifter fortegn, kaldes fermioner efter italieneren Enrico Fermi. Hvis vi spørger til værdien af bølgefunktionen for to fermioner i samme punkt i rummet, må vi få samme resultat, som hvis vi ombytter de to ens sæt af stedkoordinater, og da vi også skal have et fortegnsskift, må bølgefunktionen være eksakt lig med nul: To identiske fermioner kan ikke være samme sted i rummet. Elektronen er en fermion, og ombytningssymmetrien fører således til en dybere matematisk forklaring af Paulis princip, om at der ikke må være to elektroner i samme kvantetilstand i et atom. Protoner og neutroner, som udgør atomkernerne, er også fermioner, og det har afgørende betydning for kernernes struktur.

Anden-kvantisering spiller også en rolle ved beskrivelsen af processer, hvor nogle partikler forsvinder, og andre opstår. Vi mødte allerede i diskussionen af Diracligningen den type processer, og skal man regne på dem og forudse deres eksperimentelle konsekvenser, må de beskrives ved kvantemekaniske ligninger, hvor selve partikelantallet også kan ændre sig.

En forenet kvantefeltteori – "det er ikke engang forkert!"

Med anden-kvantiseringen og dens kvantemekaniske beskrivelse af, hvor mange partikler der er til stede, opstod kvantefeltteorien. I kvantefeltteorien opfattes verden som gennemstrømmet af felter svarende til de forskellige partikeltyper, der kan være til stede eller ej. Diracs kvanteteori for lys er en simpel kvantefeltteori, begrænset til de elektriske og magnetiske felter og med mulighed for, at der kan være flere eller færre fotoner til stede. Med partikler, der kommer og går, kan lys føre til dannelse af elektron-positron-par. Det er derfor også nødvendigt at beskrive disse partikler som felter, og der skal naturligvis være mulighed for skabelse af alle de kendte partikeltyper, for at man kan tale om en forenet teori for alle partikler og vekselvirkninger. Selvom man godt vidste, hvad man skulle inkludere i teorien, og selvom Dirac havde vist vejen med teorien for lys, var det ikke nogen nem opgave. Pionererne fra 1920'erne var stadig aktive, men de formåede ikke at få en teori til at hænge sammen.

Pauli udtrykte sin skepsis over for hele projektets ambition om at forene alle partikler og felter i en enkelt teori med vendingen: "Hvad Gud har adskilt, skal intet menneske forene", og han kritiserede ved flere lejligheder sine kollegers ufuldstændige skitser til nye teorier med den lakoniske kommentar, at "det er ikke engang forkert" – så uinteressant var det. Da Pauli i 1958 selv præsenterede en teori udarbejdet sammen med Heisenberg, fik han sin egen medicin at smage fra en opvakt Bohr i auditoriet: "Her, bagest i salen, er vi overbeviste om, at din teori er skør, men vi er ikke helt enige om, hvorvidt den er skør nok". Paulis og Heisenbergs idé viste sig da også langtfra at være skør nok.

Kvanteelektrodynamikken – Richard Feynman

Richard Feynman fortjener betegnelsen som den mest originale og farverige fysiker i midten og anden halvdel af det 20. århundrede, og vi vil i dette kapitel se på et par af hans bidrag til kvanteteorien.

Under sit ph.d.-studium udarbejdede Feynman en alternativ teori til Schrödingers og Heisenbergs formuleringer af kvanteteorien. Feynmans teori giver en helt anden matematisk beskrivelse af dynamikken i den kvantemekaniske verden. I Feynmans beskrivelse bruger man ikke Schrödingers ligning for en bølgefunktion til at beregne sandsynligheden for, at en partikel, som starter et bestemt sted i rummet på et bestemt tidspunkt, detekteres et andet sted på et andet tidspunkt, men tager i stedet i betragtning alle de mulige veje, som man kan forestille sig, der starter og slutter i de omtalte punkter og til de givne tidspunkter. Alle disse veje tildeles nu en kompleks talværdi, og ved at lægge talværdierne fra alle tænkelige veje sammen i Feynmans såkaldte vej-integral får man den kvantemekaniske sandsynlighed for processen. Der er uendeligt mange punkter, som hver vej kan passere i hvert af de uendeligt mange tidspunkter, der er mellem starten af processen og det sluttidspunkt, hvor sandsynligheden skal beregnes. Matematikere er da heller ikke overbeviste om, at Feynmans vej-integral overhovedet er veldefineret i matematisk forstand. Fysikere har dog fundet metoder til at be-

ILLUSTRATION 27. FEYNMANS VEJINTEGRAL

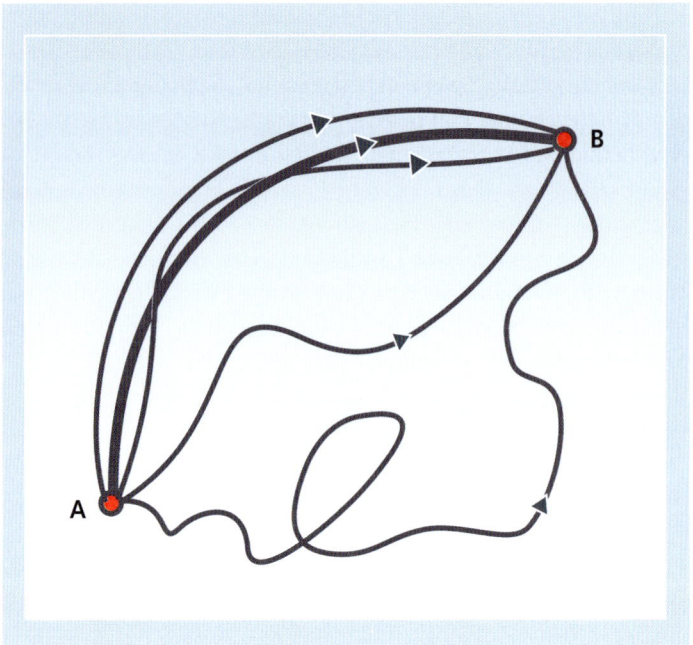

regne vej-integralet i særlige tilfælde og har dermed fået adgang til et helt alternativt billede af fysikken, som vi kan benytte både til at fortolke processer og til at lave tilnærmelsesvis korrekte udregninger.

Feynmans vej-integral giver også en ny beskrivelse eller forståelse af sammenhængen mellem kvantefysik og den klassiske mekanik, idet de komplekse talværdier knyttet til hver vej alle har størrelsen 1, men svinger meget hurtigt mellem positive, negative og komplekse værdier, når man betragter de mest tossede baner, mens netop den klassiske bane, der løser Newtons 2. lov, og dens nærmeste nabobaner har næsten ens vægtfaktorer. Når de derfor lægges sammen, giver de et meget større bidrag til summen end de "tossede baner", som i højere grad ophæver hinanden. Desto tungere partiklen er, desto mere svinger vægtfaktorerne fra vej til vej, og desto mere indsnævret til den klassiske bane vil de konstruktive bidrag til vej-integralet være. Desto tættere vil resultatet derfor være på den klassiske fysik.

Et andet væsentligt bidrag fra Feynman er en diagramteknik, som han indførte både for at illustrere de processer, man skulle tage hensyn til i en fysisk udregning, og for at udvikle simple regneregler, så man på en systematisk måde kan beregne processer mere og mere præcist.

Lad os se på en elektron, der bevæger sig fra A til B i et givet tidsrum uden at være påvirket af elektriske eller magnetiske kræfter. Vi skitserer nu denne bevægelse i et diagram, hvor tidens retning er vist opad og alle rummets tre dimensioner er slået sammen langs den vandrette retning på papiret (se illustration 28). I stedet for at indtegne alle tænkelige veje er det nu underforstået, at en enkelt indtegnet linje repræsenterer alle disse veje, som skal lægges behørigt sammen i Feynmans vej-integral.

Selvom man måske skulle tro det, har vi – selv med den underforståede sum over veje, elektronen kan tage – endnu ikke taget hensyn til alle de måder, hvorpå kvantemekanikken tillader elektronen at udgå fra punktet A og senere blive detekteret i punktet B. Altså alle de "veje", hvis bidrag skal lægges sammen for at bestemme sandsynligheden for at detektere elektronen i B til sidst.

For hvad forhindrer elektronen i undervejs at udsende en foton og senere absorbere den igen? Og hvad forhindrer den i undervejs at udsende en foton, som derefter giver anledning til dannelse af et elektron-positron-par, som kort derefter ophæver hinanden og

ILLUSTRATION 28. FEYNMAN-DIAGRAM MED EN ENKELT ELEKTRONBANE FRA A TIL B

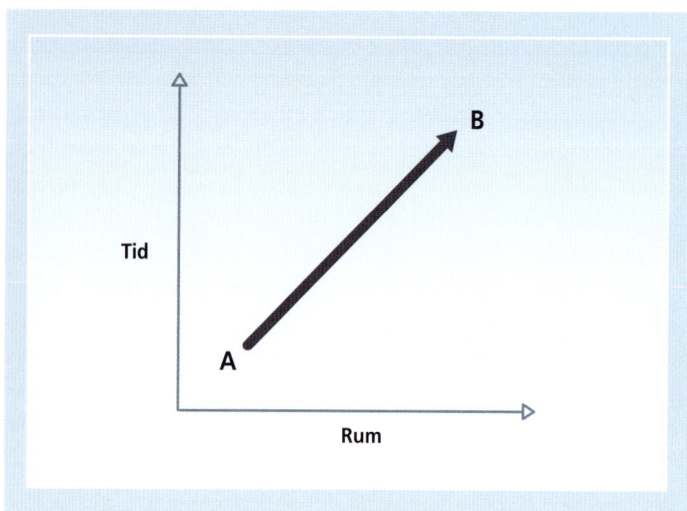

genskaber en foton, som den oprindelige elektron genabsorberer? Et umiddelbart svar på sådanne tosserier er, at kravet om, at energien i systemet skal være bevaret, vel udelukker de beskrevne processer. Men her kommer Heisenbergs usikkerhedsrelation for energi og tid, $\Delta E \cdot \Delta t \geq \hbar/2$, også på banen. Den kan nemlig fortolkes sådan, at man i kvantemekanikken godt kan bryde med energiens bevarelse, bare ikke for længe – for så er der alligevel ingen, der kan se det[10]. Man kan altså "låne energien af Heisenberg" til de omtalte processer, men jo større lånene er, jo mere kortfristede er de. På samme måde som en alfa-partikel ved tunneleffekten bevæger sig gennem energimæssigt forbudte områder af rummet og dermed slipper væk fra sin moderkerne(se side 115). Da Feynmans vej-integral samtidig tillægger selv de skøreste baner et bidrag til den fulde dynamik, skal

---

10 Det kan minde om den mekanisme, som et par kreative bygherrer troede, de kunne udnytte for nogle år siden, da de brugte falske underskrifter på garanti for lån, der i sidste ende alligevel ikke skulle bruges. Desværre for dem er det kun i den kvantemekaniske verden, at man kan være sikker på ikke at blive opdaget, og vel at mærke kun hvis lånene ikke er for store.

vi være parate til at inkludere selv de mærkeligste processer med nye partikler, der kommer og går, når vi regner på noget så simpelt som en enkelt fri elektrons bevægelse fra A til B.

Figur 29 viser Feynman-diagrammer, der illustrerer de omtalte processer for en fri elektron. En elektron, der i et tidsrum bevæger sig mellem to punkter, er skitseret ved en ret linje (men linjen er altså bare en grafisk "forkortelse" af bidrag fra alle mulige snirklede veje). En bugtet linje viser en foton, der udsendes og senere absorberes af elektronen, hvor den støder til elektron-linjen i diagrammet (også her er det underforstået, at de præcise steder og tidspunkter for udsendelsen og absorptionen skal varieres ligesom vejene imellem dem). I den tredje figur betegner symbolerne + og – på de to glatte kurver en positron og en elektron, som først er dannet ved absorption af fotonen og senere forsvinder igen under udsendelse af en ny foton. Tiden er vist opad, så figurerne skal læses nedefra og op: Man starter altså i den tredje figur med en elektron, der bevæger sig igennem rummet, indtil der pludselig opstår en foton, mens elektronen ændrer hastighed osv. Feynman konstruerede en matematisk formalisme, der går hånd i hånd med hans diagramteknik, så hver ret linje, hver

ILLUSTRATION 29. FEYNMAN-DIAGRAMMER MED KOMPLEKSE VEJE FRA A TIL B

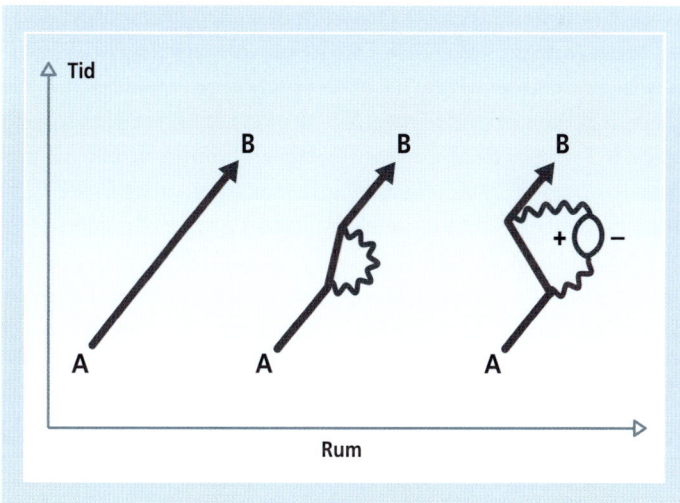

bugtet fotonlinje og hver forgrening i diagrammerne nøje svarer til matematiske formler. Det er klart, at vi har åbnet Pandoras æske, når vi først er begyndt at tage tossede processer med i vores beregninger, og det får ingen ende: Der kan tegnes uendeligt mange diagrammer, som hver især forestiller "historier" med forskellige antal foton- og elektrondeltagere undervejs i processer, der alle begynder med en enkelt elektron i punktet A og slutter med en elektron i B.

Helt galt går det, når man zoomer ind på hver enkelt del af figuren, og der bliver plads til, at man på den nye og mindre skala endnu en gang kan indtegne uendelig mange svinkeærinder og klemme endnu flere processer ind med skabelse og absorption af fotoner og par af elektroner og positroner. Det bliver meget kompliceret, og det store problem i 1940'erne var, at jo mere præcist man regnede, jo flere nye bidrag kom der til resultatet, og kunsten var at feje disse uendeligt mange bidrag ind under gulvtæppet uden at feje de fysiske effekter, man gerne ville beskrive, væk ved samme lejlighed.

Løsningen kaldes renormalisering og er baseret på den iagttagelse, at det fysiske fænomen, som vi iagttager som en elektron, der bevæger sig fra A til B, i virkeligheden er en uendelig sum af meget mere komplicerede processer, fordi den stakkels elektron altid slæber et "hylster" af lånte partikler og felter med sig. Når man forsøger at beregne den "påklædte" elektrons egenskaber ud fra et udgangspunkt i en teoretisk "nøgen" elektron, bliver forskellen større og større, jo mere præcist man regner. Ved at blæse på de hypotetiske nøgne værdier og i stedet udvikle en systematisk måde at tillægge de målte fysiske talværdier betydning på som egenskaber for de "påklædte" partikler lykkedes det Feynman, hans landsmand Julian Schwinger og japaneren Sin-itiro Tomonaga at pille uendelighederne ud af udregningerne og lave en brugbar teori, der tager fuldt hensyn til både kvantemekanikken og relativitetsteorien og til alle skabelses- og tilintetgørelsesprocesser for fotoner, elektroner og positroner. Teorien betegnes kvanteelektrodynamikken, og den udløste Nobelprisen i fysik til sine skabere. Jeg har selv mødt Schwinger og endda lært ham noget, han ikke kunne i forvejen[11].

---

11 Ved en frokost i München i sommeren 1992 lærte jeg Schwinger at lukke en ølflaske op med en bordkniv – amerikanske ølkapsler kan skrues af flaskerne, så det var en evne, han ikke havde haft brug for at optræne.

Med Feynmans grafiske metode er det muligt skridt for skridt at analysere processer, og på grund af den svage vekselvirkning mellem elektroner og enkelte fotoner er det sådan, at bidrag fra mere og mere fantasifulde diagrammer bliver mindre og mindre vigtige for det samlede resultat, desto flere fotonskabelses og -absorptionsprocesser der indgår. Som tidligere omtalt vil en elektron, der bevæger sig i et magnetfelt, mærke en magnetisk vekselvirkning både på grund af dens banebevægelse og på grund af dens spin. I kvante-elektrodynamikken kan man beregne styrken af disse vekselvirkninger, og hvis man betragter det "nøgne" problem, får man ifølge Diracligningen det resultat, at de to vekselvirkninger er præcist lige vigtige, mens en udregning med de fysiske effekter i de mere avancerede diagrammer giver anledning til en lille forskel. En teoretisk udregning fra 1988 siger, at den ene vekselvirkning er en promille stærkere end den anden, eller mere præcist, at den er en faktor 1,001159652133 gange større end den anden, hvor der er en lille usikkerhed i udregningen vedrørende de sidste to cifre. Hans Dehmelt fik Nobelprisen i fysik i 1989 for at have udviklet en teknik til at fange og fastholde en enkelt elektron og måle forholdet mellem de to vekselvirkninger til værdien 1,001159652188 med en usikkerhed på det sidste ciffer. En sammenligning mellem en teoretisk forudsigelse og et eksperimentelt resultat med 11 cifres nøjagtighed. Så præcis er kvanteteorien! Dehmelt målte på den samme elektron i ti måneder og fik så nært et forhold til den, at han kaldte den Astrid.

Den sidste figur med Feynman-diagrammer i dette afsnit skitserer en proces, hvor en elektron og en foton mødes, og begge partikler efterfølgende detekteres to forskellige steder. Diagrammerne har samme start- og sluttilstande og ser næsten ens ud, men der er byttet om på rækkefølgen af nogle af hændelserne (husk, at filmen spilles nedefra og op i figurerne): Det første diagram viser en elektron, der absorberer en foton og skifter retning for lidt senere at udsende en foton og skifte retning igen, før begge partikler detekteres. I det andet diagram udsender elektronen først en foton og skifter retning for kort tid senere at absorbere den indkommende foton og skifte retning igen. I dette tilfælde er der også en elektron og en foton, som kan detekteres ligesom i den første figur. Det tredje billede indeholder først en pardannelsesproces, hvor fotonen bliver til en elektron og en positron. Positronen møder senere den oprindelige

ILLUSTRATION 30. FEYNMAN-DIAGRAM FOR ET SAMMENSTØD MELLEM EN ELEKTRON OG EN FOTON

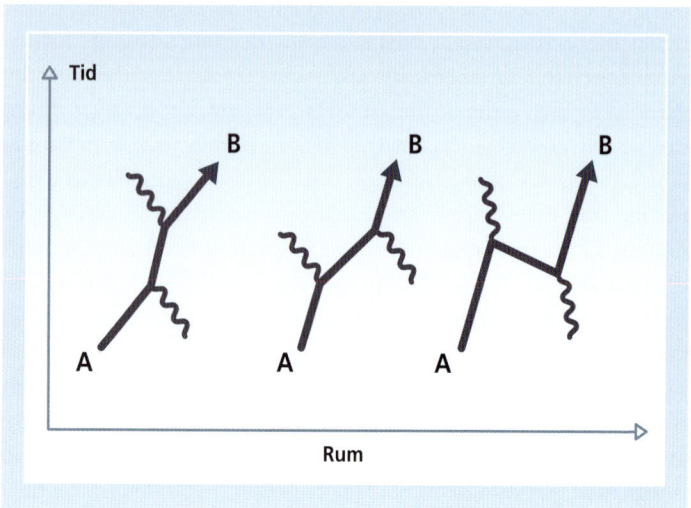

elektron, og de to forsvinder og bliver til en udsendt foton, som sammen med elektronen dannet ved pardannelsen kan detekteres i samme slags signal som i de to andre figurer.

Ved at følge den indkommende elektron fra nederste venstre hjørne i det tredje diagram kan vi få en alternativ fortolkning af den tilstødende positron, elektronens antipartikel, nemlig som om det er den indkommende elektron, der udsender en foton og derefter selv bevæger sig *baglæns i tid*, indtil den møder endnu en foton og skifter retning og ender med at bevæge sig fremad i tid igen. På den måde kan linjerne i Feynman-diagrammerne helt generelt ses både som partikler, der bevæger sig fremad i tid, eller som deres antipartikler på vej tilbage til fortiden. Feynman arbejdede endda med et fysisk billede, hvor der i hele verden kun skulle findes en eneste elektron, men i kraft af at den zigzagger frem og tilbage i tiden, kan der på ethvert givet tidspunkt i forskellige områder i rummet tilsyneladende være mange elektroner til stede i form af de fremadrettede dele af en sådan zigzagbane.

Elementarpartiklerne

Vi er stødt på elektronen, protonen og neutronen, som alle er byggesten i atomet og findes i almindeligt stof. Positronen var en teoretisk forudsigelse, og dens eksistens blev slået fast ved hjælp af spor af partikler ude fra rummet. Der iagttages også andre partikler i strålingen fra rummet, hvis ladninger og masser kan afgøres ved deres karakteristiske afbøjning i magnetiske felter, men ellers er den største kilde til opdagelsen af nye partikler de store acceleratorlaboratorier, hvor partikler accelereres op til meget høje energier og kolliderer enten med et fast mål eller med modsatrettede partikelstråler. Einsteins relativistiske masseformel, $E = mc^2$, tillader en omformning af den totale energimængde til stråling og andre kombinationer af partikler, så længe den totale energi er bevaret, og Heisenbergs usikkerhedsrelation for energi og tid tillader "kortfristede lån" af energi til skabelse af partikler, der indgår i forskellige kortvarige processer.

De dannede partikler er alle ustabile med meget korte levetider, men de giver sig til kende ved efterfølgende at henfalde til andre mere stabile partikler. Er kollisionsenergien for lav, observeres der ingen reaktionsprodukter, men når man varierer energien og passerer den kritiske energi for skabelsen af en ny ustabil partikel med den tilsvarende masse, kommer der et kraftigt signal af henfaldsprodukter. På samme måde som spektroskopikerne kunne iagttage atomare energiniveauer ved at studere lysets absorption ved forskellige frekvenser i det optiske spektrum, har acceleratorfysikerne målt "spektret" af masserne af elementarpartiklerne. Og der viste sig at være i hundredvis af partikler. Den amerikanske fysiker Robert J. Oppenheimer foreslog på et tidspunkt i spøg, at der burde gives en Nobelpris til den partikelfysiker, der kunne lave et eksperiment *uden* at opdage en ny partikel. De meget kortlivede partikler forventes ikke at spille nogen rolle i fysikken i dag. Men det faktum, at der er så mange, førte naturligvis til spørgsmålet, om de i virkeligheden også er sammensatte partikler, ligesom atomet og atomkernen er det.

Ved udarbejdelse af teorien for elementarpartikler stod fysikerne på bar bund, ligesom de havde gjort ved indledningen af atomfysik- og kernefysik-æraen. Man vidste ikke, hvilke partikler der fandtes, man kendte ikke deres indbyrdes kræfter, og man anede ikke, hvilke processer der kunne foregå.

Spektroskopien og de finere detaljer omkring, hvilke processer der observeres, har ført til den teoretiske beskrivelse, den såkaldte standardmodel, som arbejder med seks forskellige partikler, kaldt kvarker, som altid er bundet sammen tre og tre, i par af en kvark og en antikvark eller i meget energirige supper med mange kvarker. Kvarker er aldrig blevet observeret enkeltvis, og det er indbygget i teorien, at det ikke er muligt. De bindes meget stærkt sammen af såkaldte gluonfelter, som er mere komplicerede, men virker i øvrigt ligesom de elektriske felter, der binder elektronen til atomet. Feynmans diagramteknik er nyttig, når man skal illustrere de forskellige processer, og den forener i en vis forstand de forskellige vekselvirkninger. Det gør den ved elegant at udpege, hvordan processer, der involverer store brud på energibevarelse, bliver svage, mens de elektromagnetiske og stærke kernevekselvirkninger, der involverer udveksling af fotoner og gluonfelter, bliver stærkere. Desværre er den stærke vekselvirkning så stærk, at den ikke ligesom kvanteelektrodynamikken kan regnes igennem med mange cifres nøjagtighed – den kan faktisk ikke bestemmes særlig præcist.

Ifølge standardmodellen har elektronen og positronen to fætre – og fætrenes tilhørende antipartikler – og disse er alle ledsagede af meget lette neutrale partikler, såkaldte neutrinoer – og deres antipartikler – som frigives ved kernehenfald og for eksempel kan detekteres i strålingen fra Solen. En pudsig kvantemekanisk effekt er neutrino-oscillationer, som menes at forklare, hvorfor den forventede indstrømning af neutrinoer fra kernehenfald i Solen ikke stemmer med målingerne i store detektorer på Jorden, idet de udsendte neutrinoer er beskrevet ved bølgefunktioner, der oscillerer mellem forskellige værdier, svarende til at neutrinoens sandsynlighed for at være en elektron-neutrino overføres til de to fætter-neutrinoer og tilbage igen.

Neutrinoforskningen er et spændende forskningsfelt for partikelfysikken og for kosmologien, idet neutrinostrålingen fra rummet bevidner de mekanismer, der er på spil under voldsomme hændelser i universets historie. For eksempel registrerede man en øget indstrømning af neutrinoer, da lyset fra en eksploderende supernova nåede Jorden i 1987. I et stort projekt med titlen Ice Cube er forskere i færd med at bore lystællere ned i flere kubik-kilometer is på Sydpolen og lave verdens største detektor, som kan registrere mange af de meget svagt vekselvirkende neutrinoer, der rammer os i enorme mængder fra rummet.

Den eksperimentelle forskning i elementarpartikler er meget dyr, og den 27 km lange accelerator på CERN er netop blevet ombygget til en meget ambitiøs serie eksperimenter ved høje energier. Målet er blandt andet at finde en meget tung partikel ved navn Higgs-bosonen, som, hvis den findes, vil forklare, hvorfor alle de andre partikler har masser. CERN-eksperimenterne vil måske også kunne skabe så høje koncentrationer af energi, at der kan opstå et mindre "sort hul", og de vil kunne løfte sløret for, om der findes ekstra rum-lige dimensioner, som vi ikke kan se, fordi de er "rullet sammen" – ligesom et meget tyndt sugerør kan forekomme endimensionelt, mens det jo i virkeligheden har en overflade og er todimensionelt. Den tynde materialevæg i røret har endda selv en tykkelse, og i virkeligheden er sugerøret på den måde tredimensionelt. Men for at se den anden og den tredje dimension er det altså nødvendigt at kigge nøjere og nøjere efter, og med CERN-eksperimenterne kan vi måske se, om der skulle gemme sig en fjerde eller endnu flere sammenkrøllede dimensioner!

Selvom standardmodellen bringer antallet af fundamentale par-tikler ned, er der stadig mange tilbage, og deres masser og egen-skaber skal alle sættes til at have de rette værdier for at passe til observationerne. Det har naturligvis ført til den idé, at man ved at grave et teoretisk spadestik dybere ville opdage, at der er endnu færre elementære objekter, som giver anledning til kvarker, elektro-nen og dens fætre, gluoner og fotoner. Den kendte danske fysiker Holger Bech Nielsen er en af pionererne bag strengteorien, hvori elementarpartiklerne beskrives som strenge i højere dimensioner. Den klassiske svingende streng er karakteriseret ved at have karak-teristiske svingningsfrekvenser for de forskellige bølgemønstre, og man kunne håbe på, at de tilsvarende energier på grund af Ein-steins ækvivalens mellem masse og energi kunne rumme svaret på, hvorfor der findes partikler med netop de masser, vi kan iagttage. Strengteori er et meget aktivt forskningsområde i den matematiske fysik. Den har endnu ikke fuldt ud leveret varen i form af et samlet overblik over de mange partikler og forskellige vekselvirknings-styrker i standardmodellen, men den har givet en række pudsige og lovende resultater. Det eneste, vores sanser kan opfatte, er det tredimensionelle rum og den endimensionelle tid, men for at stren-gene skal give matematisk mening, skal de leve i ti dimensioner. Mange af disse dimensioner kan dog være sammenkrøllede, så vi med vores begrænsede sanseapparat slet ikke kan opfatte dem.

Vi er kommet en lang vej fra den svingende violinstreng i starten af bogen!

KAPITEL 8

KVANTETEKNOLOGIER

Som beskrevet i de foregående to kapitler har kvantemekanikken gennemsyret det 20. århundredes fysik. Den giver en fyldestgørende beskrivelse af alle mikroskopiske fysiske fænomener, og udforskningen af mikrokosmos har gået hånd i hånd med udviklingen og generaliseringen af teorien fra kun at omhandle elektroner i atomer til at forklare molekyler, faste stoffer, kerner og elementarpartikler. Elementarpartikelfysikken og dens konsekvenser for de tidlige stadier af universets udvikling udforskes af både partikelfysikere og astronomer, og det sidste punktum i den historie er langtfra sat.

Atomfysikken og optikken, som startede det hele, nåede hurtigt et stade, hvor fysikerne med kvantemekanikken kunne forstå og beregne processer i rigtig god overensstemmelse med eksperimenter. Det er i øvrigt interessant, at Niels Bohr foruden sine bidrag til atomteorien i 1913-1924, til fortolkningen af kvanteteorien i 1927-1935 og til kernefysikken i 1930'erne banede vejen for endnu et stort forskningsfelt så sent som i 1940'erne og 1950'erne. På det tidspunkt foreslog han at skabe kollisioner mellem hele atomer og at beskyde faste stoffer med atomer. I flere årtier efter Bohrs død i 1962 udgjorde disse atomare kollisioner et intenst forskningsfelt i Danmark og mange steder i udlandet. Forskningen havde stor betydning for forståelsen af de atomare processer i såvel atmosfæren som stjernerne og bidrog med mange forslag til teknologiske anvendelser af de atomare kollisioner.

Forskningen i fysikkens mindste dele og deres indbyrdes vekselvirkninger tjener til at forklare de fænomener, vi ser i naturen. Stjernernes fødsel og død, farven på lyset fra en natriumgas og kobbers evne som elektrisk leder er fænomener, som den kvantemekaniske beskrivelse af kerner, atomer og faste stoffer kan forklare.

I 1980'erne fik de grundlæggende spørgsmål om atomernes og fotonernes opførsel endnu en renæssance, idet eksperimentelle teknikker nu tillod helt nye avancerede forsøg i laboratoriet og herunder muligheden for at udføre de klassiske tankeksperimenter og en række nye forsøg, der gik til benet af de fortolkningsmæssige aspekter af kvantemekanikken. Der er ikke langt fra at forstå naturfænomener til at foreslå nye ting, man kan skabe med udgangspunkt i denne forståelse, og en lang række teknologier er i dag opstået med direkte basis i vores forståelse af kvantemekaniske effekter, og flere ligger klar på tegnebrættet!

Lasere, atomure, langsomt lys

Et godt eksempel på anvendelsen af et kvantemekanisk fænomen er laseren, som er en lyskilde, der i høj grad gør brug af den kvantemekaniske udveksling af energi mellem lys og atomer. Lys er et bølgefænomen, og udbredelsen af lys gennem det tomme rum er bestemt ved en simpel bølgeligning, mens lys på sin vej gennem et materiale sætter de elektriske ladninger i materialet i bevægelse, og den kobling kan både føre til dæmpning og til forstærkning af lyset. Med Bohrs atommodel i tankerne kan vi forstå, at der i et materiale, hvor flertallet af atomerne har deres elektroner i den højeste energitilstand, vil ske flere processer med udsendelse af lys end absorptionsprocesser, som involverer en elektron, der løftes fra en lavtliggende energitilstand. Ideen i laserlyskilder er at sikre, at der bliver pumpet energi ind i atomerne, så de på stimuleret vis kan afgive al deres energi til udsendelse af lys med en bestemt farve og udbredelsesretning. Det er altså en kombination af atomernes helt bestemte energier, som jo netop skyldes kvantemekanikken, og lysets egen kvantenatur, der gør, at vi kan lave laserlyskilder med meget veldefinerede bølgelængder, for eksempel til brug ved aflæsning af informationen på en dvd eller cd. Lasere kan laves ekstremt intense med korte pulser med lige så stort energiindhold per tid som Jordens samlede energiforbrug, og lasere kan laves ekstremt præcise til at udmåle tid, længder og energier med stor nøjagtighed.

Det faktum, at de er bygget af helt bestemte kombinationer af elementarpartiklerne, gør, at to cæsium-133-atomer er fuldstændigt identiske, også selvom det ene er i et kælderlaboratorium i Paris og det andet i den internationale rumstation[12]. Deres atomare ener-

---

12 Et af verdens mest præcise atomare ure, baseret på cæsium-133, befinder sig i en kælder nær Luxembourghaven i det gamle Observatoire de Paris. Her

giforskelle er ens, så man kan bruge dem som "penduler" i meget præcise ure, som man ved, går helt ens. Man har derfor defineret et sekund til at være varigheden af et helt bestemt antal svingninger af den stråling, der matcher en bestemt overgang i cæsium-atomet. I takt med at vi bliver bedre og bedre til at måle denne frekvens, sætter vi ikke flere cifre efter kommaet i talværdien for frekvensen, men tilpasser i virkeligheden sekundet i overensstemmelse med, at alle disse cifre per definition er nul. Stedse hurtigere internetkommunikation og satellitnavigation nødvendiggør præcis timing, og forskeres overvågning af oceanbølger, pulserende stjerner osv. sætter hele tiden nye standarder for den ønskede præcision, og udviklingen af laseren og robuste atomare systemer følger trop[13].

I kølvandet på den betydning, som lys og atomer har fået inden for den teknologisk udvikling, er der opstået et væld af teknikker til at styre lys og atomer, og det vakte enorm opmærksomhed, da den danske fysiker Lene Vestergaard Hau i 2001 viste, at hun kunne nedsætte lysets hastighed fra 300.000 km per sekund til mindre end 100 km per time ved at sende det igennem en atomar gas. Lene Haus eksperiment gør rig brug af kvantemekaniske effekter. Lyset rammer en gas af natriumatomer, som i forvejen ligger i et stærkt laserfelt, hvilket har den effekt, at elektronerne, der løftes i energi ved absorption af de indkommende fotoner, ligesom ved dannelsen af laserlys straks stimuleres til at udsende lys i det stærke felt, mens de overføres til en anden lavtliggende tilstand i atomet end den, de oprindeligt kom fra.

En anden kvantemekanisk effekt, som er på spil, er det faktum, at det ikke er bestemte atomer, men dem alle sammen, der

---

udvikler man ligeledes et atomur til den internationale rumstation og foretager i den forbindelse også testforsøg i kunstig vægtløshed i særlige Airbus-fly ved at sende dem i et flere kilometers frit fald mod jorden og rette dem op i en serie voldsomt kvalmefremkaldende dyk. Under hvert dyk følger apparaturet med atomerne, og det er ikke nødvendigt at fastholde atomerne med kræfter, der ellers ville kunne påvirke deres indre energier og dermed atomurets præcision. 13 Ifølge Einsteins generelle relativitetsteori går tiden forskelligt, hvis man er udsat for forskellige tyngdekræfter. En højdeforskel på blot 20 centimeter mellem to atomer er nok til, at deres forskellige lysfrekvenser kan skelnes i moderne forsøg, ligesom eksperimentatorer må tage hensyn til jordens lokale sammensætning, hvis de vil sikre, at to atomers tid virkelig går helt ens.

absorberer selv enkelte fotoner. Einstein var som tidligere nævnt
ked af, at det elektromagnetiske felt fra at være en udstrakt bølge
bliver koncentreret i en enkelt elektron på et enkelt atom under
den fotoelektriske effekt. Lene Hau ønsker ikke at måle lyset, men
tværtimod at bevare dets bølgeegenskab, og hver af hendes fotoner
overførtes derfor ikke til et enkelt atom, men til en kvantetilstand,
hvor de mange atomer på samme tid var ene om at blive overført til
den anden lavtliggende elektroniske tilstand. Ved at lade den stærke
laser forblive tændt kastes elektronerne i alle atomerne tilbage til
den oprindelige tilstand, og lyset returnerer til den indkommende
puls. Al denne jongleren frem og tilbage fører til en reduktion af
lysets hastighed. Senere blev en egentlig standsning af lyset også
demonstreret, idet man kunne slukke helt for den stærke puls,
hvorfor de overførte elektroner forblev i den anden tilstand, indtil
man tændte for den stærke laser igen og slap lyset ud af gassen.

Det måske sjoveste eksperiment, som Lene Hau og hendes grup-
pe på Harvard University i USA stod bag, var deres forsøg i 2007,
hvor de atomer, der havde absorberet hver enkelt foton på samme
tid havde absorberet lysets impuls, så de blev sat i rekylbevægelse
med få centimeter per sekund. I forsøget rejste disse atomer helt ud
af atomskyen og ind i en anden atomar nabosky, hvor det nu igen
var muligt ved hjælp af en stærk laserpuls at overføre dem tilbage til
den oprindelige elektroniske grundtilstand, hvorved lyspulsen blev
gendannet, men altså fra et nyt materiale. I dette eksperiment er det
afgørende, at atomerne i de to skyer er helt identiske og beskrevet
ved symmetriske bølgefunktioner, og at det ikke er bestemte atomer,
men dem alle sammen der hver især rummer de enkelte fotoner[14].

---

14 Eksperimentet måtte foretages i et såkaldt Bose-Einstein-kondensat, en særlig
tilstand af stof foreslået af Bose og Einstein i 1924, hvor identiske partikler
af den bosoniske type alle besætter den samme bølgefunktion. Bosonernes
bølgefunktion er uændret under ombytning af partikler, og det medfører et
"gruppepres" om at være i samme tilstand i modsætning til fermionernes bøl-
gefunktion, der skal skifte fortegn og medfører, at fermioner opfylder Paulis
udelukkelsesprincip.

Aspects forsøg, "Bohr havde ret"

Med EPR-paradoksets lidt fortænkte korrelerede partikler havde Einstein, Podolsky og Rosen ramt plet med et eksempel, som i høj grad udstiller de mærkeligste egenskaber ved kvantemekanikken. Hvis den videnskabelige kappestrid kun handlede om at få ret, havde de med paradokset kastet en boomerang, der faldt tilbage på dem selv, da netop deres paradoks på skarp vis afklarede Bohrs synspunkter og ydermere ledte til et eksperiment, der kunne vise, hvor lidt "klassisk virkelighed" man kan lægge ind i kvantemekanikken.

Vi beskrev tidligere, hvordan skjulte variable hypotetisk kan indeholde den information, der i et givet forsøg vil afgøre, hvilket resultat man får af en måling. Uden at antage en konkret mekanisme for disse variables virkemåde, men blot ved at antage, at der findes sådanne lokale parametre, som – uafhængigt af omgivelserne fjernt fra målestedet – er bestemmende for resultatet af målingerne på hver enkelt partikel, kom John Bell frem til sin ulighed for hyppigheden af forskellige målinger (se side 88). David Bohm foreslog en omskrivning af EPR-paradokset til at beskrive partikler med spin. Det blev til en formulering, der også kunne benyttes på fotoner, idet polarisationen af fotonen har samme kvantemekaniske egenskaber som elektronens spin. Polarisationen af fotoner kan for eksempel måles ved at sende lyset igennem et polarisationsfilter.

Et par polaroidsolbriller er et sådant filter, idet de ikke blot fjerner en del af lysets intensitet, men i særlig høj grad udelukker vandret polariseret lys, mens de tillader det lodret polariserede lys at passere. Det er nyttigt på havet og i trafikken, idet refleksioner fra vandrette flader netop har et højt indhold af vandret polarisation, og man skånes således for de skarpe refleksioner, men kan stadig nyde udsigten og se sine medtrafikanter.

Polarisation er retningen af det elektriske felt i elektromagnetisk stråling og er som sådan et klassisk fysisk fænomen, men det kan også ses som en kvantemekanisk egenskab ved den enkelte foton, som enten reflekteres eller transmitteres af et polarisationsfilter, og som derved lader sig detektere som fuldstændig vandret eller fuldstændig lodret polariseret. Er fotonen oprindeligt præpareret med sin polarisation i en 45 graders retning i forhold til vandret, opnås de to måleresultater tilfældigt med lige stor sandsynlighed. Vi har tidligere beskrevet målinger som en abstrakt matematisk projektion af systemets bølgefunktion. I tilfældet med polarisation er denne projektion identisk med den geometriske projektion af en retning i rummet på to vinkelrette retninger, svarende til solbrillernes skelnen mellem vandret og lodret.

Illustration 31 viser skematisk et par polaroidsolbriller. Øverst ses refleksion og transmission af et intenst 45 graders-felt: Halvdelen reflekteres, og halvdelen transmitteres. Nederst ses refleksion og transmission af enkelte 45 graders-fotoner: Fotonerne reflekteres og transmitteres tilfældigt, og med uændret styrke.

For spin og polarisation virker EPR-parrets korrelation på den måde, at de to elektroner eller fotoner, når de detekteres, vil have fuldstændigt korrelerede måleresultater, hvis de begge måles i forhold til de samme retninger. Det gælder som beskrevet lodret/vandret, men det gælder også, hvis solbrillerne holdes på skrå ved begge detektorer, så der begge steder transmitteres fotoner med polarisationen i den samme vinkel i forhold til vandret. I modsætning til det oprindelige EPR-forslag, hvor partikler kunne detekteres ved forskellige steder eller med forskellige impulser, er de mange mulige sted- og impulsværdier erstattet af de kun to mulige udfald af en måling: om fotonen reflekteres eller transmitteres gennem et par vandrette solbriller. Impulsmålingen er erstattet af de to mulige udfald: om fotonen reflekteres eller transmitteres af et par solbriller på skrå i en 45 graders vinkel. En foton, der er polariseret 45 grader i forhold til vandret, giver anledning til maksimal usikkerhed, da den har nøjagtig lige stor chance for at blive reflekteret og transmitteret af de vandrette solbriller, og vi har derfor en analogi til situationen, hvor en partikel med velbestemt impuls for at opfylde Heisenbergs usikkerhedsrelation har en tilsvarende dårligt bestemt position.

Den kvantemekaniske tilstand af fotoner udsendt i modsat retning under henfald af en bestemt type atomer har EPR-forslagets indbyrdes "tvilling"-korrelation mellem de to fotoners polarisation. Den kvantemekaniske bølgefunktion for fotonerne forudsiger, at man får et brud med Bells ulighed, når man i hvert tilfælde registrerer, om de transmitteres eller reflekteres af polaroidsolbrillerne placeret i forskellige vinkler, svarende til resultatet + eller − ved de tre spørgsmål A, B og C (se faktaboksen om Bells ulighed side 88). Målingerne, som den franske fysiker Alain Aspect og hans kolleger foretog i 1980 og 1981, bekræftede dette brud.

ILLUSTRATION 31. POLAROIDSOLBRILLE

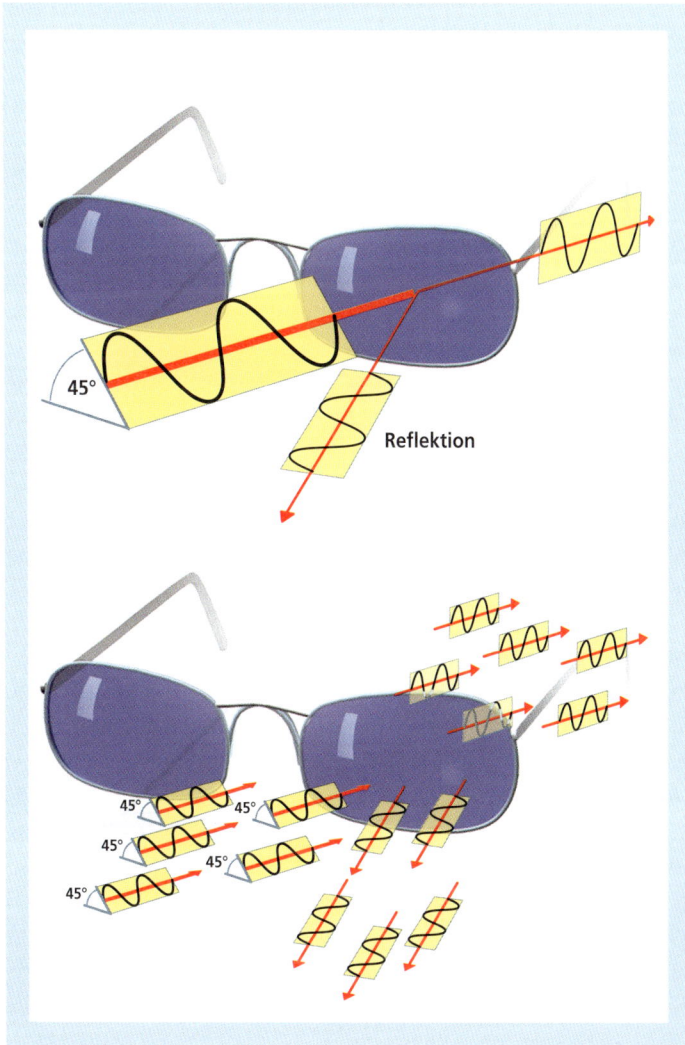

Aspect er en snedig fysiker, og han bemærkede, at orienteringen af polarisationsfiltrene ved en "ond sammensværgelse" fra naturens hånd måske kunne være kommunikeret imellem dem og det atom, der udsendte lyset, så fotonerne allerede på forhånd "vidste", hvad der ville blive undersøgt, og derved kunne snyde sig til at bryde Bells ulighed, ligesom man kan bryde tilfældighedens love, hvis man "pakker kortene" i et kortspil. I sin anden forsøgsrække lod han derfor målingerne foregå med 12 meters afstand i laboratoriet, og han målte polarisationen af fotonerne langs vinkler, som skiftede så hyppigt, at fotonerne for længst måtte være afsendt fra kilden, når detektorvinklerne for et givet par af fotoner blev valgt. Bells ulighed blev også brudt i dette eksperiment.

Aspects målinger var en bekræftelse af de kvantemekaniske forudsigelser og helt i overensstemmelse med forventningerne hos tilhængerne af Københavnerfortolkningen. Resultaterne indvarslede også en ny æra i eksperimentel fysik, hvor ikke kun kvantitative fysiske egenskaber ved stoffer kan undersøges, men hvor mere kvalitative egenskaber, som udmærker sig ved at være særligt "ikke-klassiske", kan studeres og delvist styres i laboratoriet. Vi vil ikke give en udtømmende beskrivelse af de mange forskellige studier, der foretages i disse år, men fokusere på nogle enkelte spændende og overraskende teknologiske anvendelser af de mest mystiske aspekter af kvanteteorien.

Et pudsigt eksperiment

Aspects forsøgsresultater var i overensstemmelse med kvantemekanikkens forudsigelse, men de var meget mere end det: ved at bryde Bells ulighed var de i direkte kvantitativ uoverensstemmelse med enhver – også rent hypotetisk forekommende – teori, hvis denne indeholdt mulighed for lokalt at forudsige resultatet af målingen på en partikel med en detektor. En umiddelbar omkostning ved at kunne sige noget så definitivt er, at Bells ulighed og Aspects eksperiment bliver meget tekniske, og forsøgsresultaterne måske nok opfylder den ønskede matematiske egenskab, men i sig selv virker de ikke synderligt spændende. Hvis man i stedet for eksakte beviser blot søger slående eksempler på aspekter af kvanteteorien, er der en lang række meget sjovere forsøg, som alle er "fantastiske", men som altså ikke stringent udelukker, at alternative teorier til kvantemekanikken kunne give de samme resultater.

Et slående eksempel herpå er et forsøg med lys, som den amerikanske fysiker Len Mandel udførte med inspiration fra Einsteins dobbeltspalte-forslag. I stedet for at sende elektroner gennem en skærm med to huller kunne man ifølge Mandel splitte en tynd lysstråle i to ved at sende den ind på et skråtstillet halvgennemsigtigt spejl, så halvdelen af lyset blev transmitteret og den anden reflekteret (se illustration 32). En enkelt foton vil i denne opstilling være i en kvantetilstand, hvor den er i den transmitterede (og ikke i den reflekterede) stråle, samtidig med at den er i den reflekterede (og ikke i den transmitterede) stråle. Reflekteres disse stråler med almindelige spejle, så de mødes på et nyt halvgennemsigtigt spejl, fås et såkaldt interferometer, idet bølgerne interfererer konstruktivt eller destruktivt med hinanden i de to mulige stråleretninger efter det sidste spejl (se figurens øverste del)).

Den samme interferens ses i den klassiske optik, og det er velkendt, at når man varierer vejlængden af de to strålebaner i interferometeret i forhold til hinanden, kan man se intensiteten af lyset vokse og aftage i de to udgående stråler. Med et meget svagt felt med kun en enkelt foton ad gangen i interferometeret er den samme effekt kvantemekanisk, og det er bølgefunktionens interferens, som ifølge Borns fortolkning får detektionen af fotonen til at foregå med varierende sandsynlighed i de to detektorer.

I en sådan opstilling kan man naturligvis få oplysning om fotonens valg af bane, hvis man fjerner det sidste halvgennemsigtige spejl, så den øvre stråle fortsætter vandret ud af apparatet, mens den nedre stråle fører til den lodrette stråle ud af apparatet. Men er det muligt at få samme oplysning uden at ødelægge muligheden for interferens?

Mandel forsøgte at besvare dette spørgsmål ved at lade begge stråler i interferometeret gå igennem krystaller, hvori fotonen under passagen udsendte en "sladrehank-foton". Denne situation er skitseret i figurens nederste del, hvor "sladrehankene" er skitseret som stiplede grønne linjer. Vi forestiller os nu, at vi har detektorer anbragt i de to viste retninger for sladrehankene. Passagen af en enkelt foton gennem opstillingen vil med sikkerhed føre til udsendelse af en sladrehank-foton, og den vil ligeledes helt sikkert blive set i enten den ene eller den anden detektor. Men i så fald kan vi slutte os til, om den oprindelige foton fulgte den øverste eller nederste bane i interferometeret, og derfor vil der ikke blive observeret interferens i de udgående stråler fra interferometeret. Den grønne foton spiller samme rolle som den svingende skærm

ILLUSTRATION 32. LEN MANDELS FORSØG

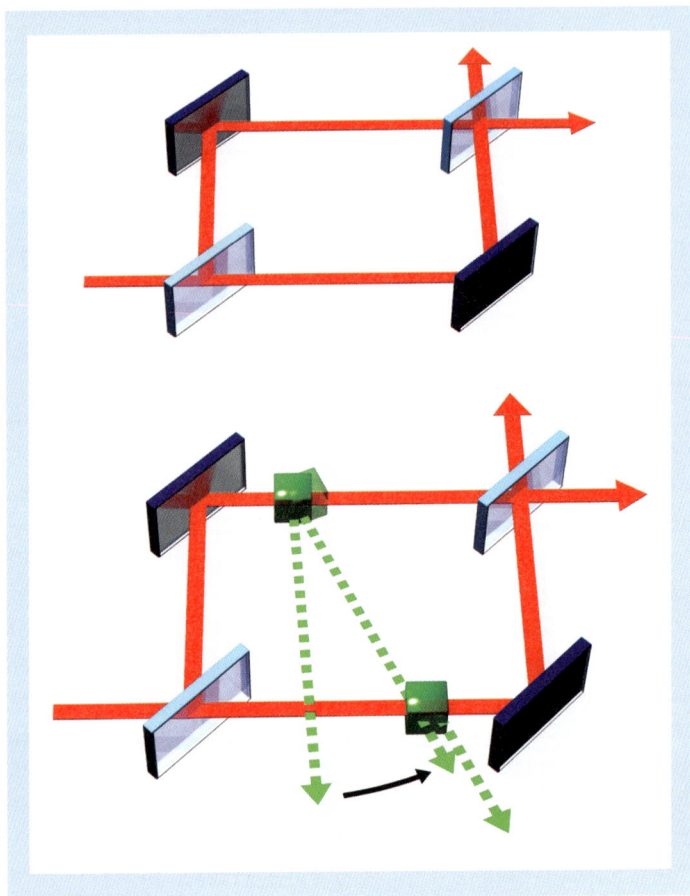

i Einsteins paradoks, beskrevet på side 76, og interferensens forsvinden er ligesom i Bohrs forklaring af paradokset et resultat af sladrehank-fotonens (skærmens) egenskaber.

Bemærk, at interferensen forsvinder, uanset om sladrehanken afslører den oprindelige foton i den øvre eller i den nedre stråle, og det er derfor lige meget, om vi faktisk måler den eller ej. Mandel sparede derfor detektorerne for sladrehanken og iagttog netop, at interferensen forsvandt, når han indsatte de krystaller, der skabte sladrehanken.

Man kunne naturligvis indvende, at krystallerne selv ødelagde de kvantemekaniske egenskaber ved de oprindelige fotoner, og at det var grunden til, at interferensen forsvandt, men det afviste Mandel med en genial variant af forsøget: Han drejede den øverste krystal sådan, at en sladrehank herfra ville bevæge sig lige igennem den nederste krystal, så man, selv hvis man havde detektorer, ikke ville kunne afgøre, om den kom fra den øvre eller den nedre krystal. I det tilfælde afgiver sladrehanken, selv hvis vi ser den, ingen viden om, hvor den kom fra, og den oprindelige foton vil i princippet stadig kunne udvise interferens. I forsøget, som bestod i forsigtigt at dreje den ene krystal og hermed styre retningen af en foton, der hverken skulle detekteres eller vekselvirke i øvrigt med resten af apparatet, vendte interferenssignalet for den oprindelige foton (altså en intensitet, der varierer op og ned, når man varierer de to vejlængder i forhold til hinanden) tilbage for fuld styrke. Magisk!

Hvad sker der, hvis man i denne situation, hvor sladrehank-fotonen fra de to krystaller forlader opstillingen i samme retning, stikker en hånd ind og afbryder sladrehankens mulige passage mellem de to krystaller? Man forhindrer (muligvis) en foton, der ikke vekselvirker med noget, og som ikke detekteres af nogen, i at rejse væk fra opstillingen, men samtidig skaber man igen en ny situation: Hvis der nu var en hypotetisk iagttager, der kiggede i sladrehank-fotonens stråleretning, ville han, hvis han så en foton, med sikkerhed vide, at den kun kunne komme fra den nedre bane, og hvis der ikke var en sladrehank-foton, måtte den oprindelige foton have taget den øvre bane og sladrehanken være havnet i hånden. Denne opstilling giver i princippet en mulighed for at vide, hvilken vej fotonen tager. Da Mandel stak sin hånd ned i apparatet mellem de to krystaller, forsvandt interferenssignalet. Det, der er "spooky" ved Mandels forsøg, er, at der ikke er tale om en vekselvirkning med systemet, der fører til ændringer i det observerede signal, og Mandel citerede i sin berømte beskrivelse af forsøget da også ordret fra Bohrs artikel i 1935, at der er tale om en påvirkning af de "… betingelser, der definerer de mulige typer af forudsigelser vedrørende systemets fremtidige opførsel".

Kvantekryptering

I 1980'erne kom det frem, at man kunne benytte kvantemekanikken til at sende fortrolige beskeder via kommunikationskanaler, som godt kunne aflyttes. Man benyttede det faktum, at måleresultater i kvantemekanikken er tilfældige, og at målingen af en egenskab på helt afgørende vis bidrager til de mulige resultater af efterfølgende målinger af andre egenskaber.

De to forskere, Charles Bennett og Gilles Brassard, foreslog således en elegant protokol, hvor afsenderen, Alice, præparerer enkelte fotoner, som kan sendes i en optisk fiber, således at deres polarisation koder for talværdierne 0 og 1. Tricket er, at lys kan være vandret eller lodret polariseret, og disse to muligheder kan benyttes til kommunikation, da de kan skelnes med et polaroidfilter. Dette giver i sig selv ikke sikkerhed mod aflytning, idet en aflytter, Eva, kan opsnappe fotonerne, aflæse dem med et tilsvarende måleapparat og derefter til den legitime modtager, Bob sende nye fotoner videre, der er identiske med dem, hun lige har opsnappet. Hun kender altså Alices besked lige så godt som Bob.

Bennetts og Brassards snedige forslag bestod i, at Alice i cirka halvdelen af fotontransmissionerne skal vælge at sende fotoner i en anden "basis", som har polarisationen i skrå retninger opad mod højre og opad mod venstre, svarende til tallene 0 og 1. Hverken Eva eller Bob ved, hvilken basis Alice vælger, så de må helt tilfældigt måle fotonerne fra Alice i den ene og anden basis. Glemmer vi Eva for et kort øjeblik, vil Alice og Bob efter at have udvekslet mange fotoner stå med hver deres viden om, hvad der er sket. Alice har noteret, hvilken basis hun brugte, og hvilket tal, 0 eller 1, hun sendte med hver enkelt foton, og Bob har en tilsvarende liste over, hvilken basis han målte fotonerne i, og hvilke tal han udlæste.

Ifølge Bennett og Brassard skal Bob annoncere højlydt til Alice, og hvem der måtte lytte med, hvilken basis han målte hver enkelt foton i – altså sige noget i retning af "skrå, skrå, lige, lige, skrå, lige …" – men han siger ikke, hvilke talværdier han målte. Alice ved, at i de tilfælde, hvor Bob har benyttet samme basis som hun, altså målt skrå fotoner i den skrå basis og lige fotoner i den lige basis, vil de to være enige om den sendte og målte talværdi. Derfor fortæller Alice, igen i al offentlighed, hvilke målinger Bob tilfældigvis foretog i samme basis som den sendte; hun kan for eksempel sige:

ILLUSTRATION 33. KVANTEKRYPTERING

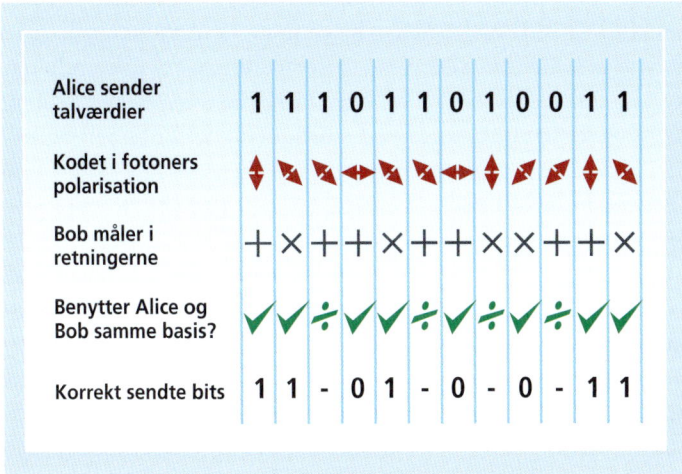

Alice sender talværdier	1	1	1	0	1	1	0	1	0	0	1	1
Bob måler i retningerne	+	×	+	+	×	+	+	×	×	+	+	×
Korrekt sendte bits	1	1	-	0	1	-	0	-	0	-	1	1

"Måling nummer 1, 2, 4, 5, 7 og 9 var i den rigtige basis" (se figur 33). Hun fortæller ikke, hvad fotonens polarisation var, for den har Bob jo selv målt i de tilfælde. Aflytteren Eva, der kun har hørt den offentlige kommunikation af baser, kan ikke af Alices og Bobs konversation vide, hvilke tal-værdier de nu har tilbage, når de ser bort fra alle de tal, der var opnået med forkerte basisvalg. Disse tal kan Alice og Bob herefter benytte som en fælles, hemmelig nøgle, som kun de kender, og de kan vælge at kode andre beskeder med den, som derefter kan sendes i al offentlighed.

Eva vil naturligvis forsøge at aflytte fotonerne ved at måle på dem, men her er hun tvunget til at foretage et valg, om hun vil måle i den ene eller den anden basis. De to basisvalg er komplementære, og en måling i den ene basis udelukker en måling i den anden. Tjekker hun for eksempel, om en given foton er vandret eller lodret polariseret og får svaret vandret, registrerer hun tallet 0, men er samtidig fuldstændig udelukket fra at kunne gætte, hvilken af de skrå tilstande fotonen måtte have været i, hvis Alice faktisk havde benyttet den skrå basis. Hun kan ikke gøre andet end at sende en vandret polariseret foton til Bob, således at han vil få samme resultat, hvis han foretager samme måling. Når Eva sidder klar og lytter med under Alices og Bobs annoncering af baser, kan hun derfor glæde sig, hver gang Alice godkender en af Bobs valgte baser, hvor hun også selv benyttede samme basis, da hun jo så med bestemthed ved, at de alle tre har samme talværdi på papiret, og den del af koden altså ikke er hemmelig. Hun må til gengæld ærgre sig i de tilfælde, hvor Bob og Alice begge har benyttet en bestemt basis og derfor godkender et hemmeligt tal, mens hun selv målte i den anden basis og derfor har et tal stående, som lige så godt kan være forkert som rigtigt.

Hun er endda endnu værre stedt, end vi lige har beskrevet: Sender Alice en lodret polariseret foton, der svarer til tallet 1, og måler Eva i den skrå basis og får enten tallet 0 eller 1, må hun videresende en tilsvarende skråt polariseret foton til Bob. Hvis Bob nu måler på denne foton i den lodrette/vandrette basis, får han med samme sandsynlighed 0 og 1. Det betyder, at selvom Alice og Bob har benyttet samme basis, forekommer der uundgåeligt tilfældige fejl i deres hemmelige talstreng, når Eva har lyttet med. Fejlhyppigheden bliver 25 %, hvis Eva forsøger at aflure hver eneste afsendte foton, og med en stikprøvekontrol kan Alice og Bob nemt konkludere, om transmissionen er blevet helt eller delvist aflyttet. Er svaret afkræftende, har de en sikker hemmelig kode, som ingen kan have kendskab til. Er svaret bekræftende, må de stoppe kommunikationen og undlade at benytte koden til at sende deres egentlige hemmelige meddelelse. En dygtig aflytter kan altså forhindre kommunikation, men kvantemekanikken kan garantere, at ingen hemmeligheder afsløres.

I en anden version af protokollen kan Alice og Bob måle på fotonpar, udsendt fra en central kilde ligesom i Aspects forsøg, og her er der overensstemmelse mellem deres målinger, hvis de måler i samme basis, og ellers tilfældige korrelationer. De kan derved opbygge en nøgle på samme måde som beskrevet ovenfor. Det sjove ved denne protokol er, at de endda kan lade deres værste fjende stå for fremstillingen af fotonparrene, idet en stikprøvekontrol, om Bells ulighed brydes eller ej, vil være tilstrækkelig til at vise, om krypteringen er sikker.

Kvantekryptering er blevet demonstreret i mange eksperimenter – blandt andet på Aarhus Universitet, hvor der foregår et samarbejde mellem fysikere og dataloger om studiet af praktiske protokoller og sikring mod forskellige fejlkilder. Med konventionelle optiske fibre til telekommunikation er der sendt hemmelige koder over afstande af op til 100 km, og metoden er udviklet og testet på kommercielle tele-netværk. Forsøg er også udført med kommunikation i fri luft mellem alpetoppe og mellem stjernekikkerter på to af De Kanariske Øer som led i et projekt om at sende krypterede beskeder via satellitter i kredsløb om Jorden. Et omfattende teoretisk forskningsfelt for både klassisk kryptering og kvantekryptering vedrører kommunikation "uden ydre fjender", hvor Alice og Bob på den ene side vil handle med hinanden og på den anden side gardere sig mod, at de bliver snydt af handelspartneren.

Kvanteteleportation

For nogle år siden lykkedes det flere grupper at demonstrere teleportation af kvantetilstande. På grund af sine "praktiske" anvendelser i science fiction-film er teleportation et begreb, der vækker opsigt, og forskningsresultaterne var epokegørende, skønt måske knap så eksotiske i virkeligheden, som de blev fremstillet i medierne.

Stillet over for et kvantesystem i en ukendt tilstand er det jo sådan, at man ikke kan bestemme denne tilstand på grund af komplementariteten mellem de forskellige egenskaber, som man ønsker at fastlægge. Måler jeg partiklens position, vælger den en tilfældig værdi og mister de øvrige mulige værdier, hvis sandsynligheder var en del af tilstandsbeskrivelsen før målingen, og jeg kan ikke få oplysning om dens hastighed eller impuls, som de var før stedmålingen. Man kunne derfor tro, at den eneste måde at kommunikere en kvantetilstand mellem to steder på er at sende en fysisk partikel uden at forstyrre den undervejs i den pågældende tilstand. Bennett har imidlertid foreslået en snedig vej ud af problemet. Man kan udnytte EPR-paradoksets to partikler med deres fastlåste værdier for summen af deres stedkoordinater og differencer mellem deres hastighedskoordinater som kommunikationskanal.

Antag, at Alice og Bob er i besiddelse af sådan et partikelpar, og at Alice nu modtager en partikel i en ukendt tilstand, som hun gerne vil kommunikere til Bob. I stedet for at ødelægge partiklens tilstand ved at måle direkte på den kan hun foretage en måling på begge de partikler, som hun har i sin varetægt – dvs. den ukendte partikel og den ene partikel i EPR-parret, som hun deler med Bob. Mere præcist kan hun måle summen af deres stedkoordinater og forskellen på deres hastigheder. Begge disse målinger på to forskellige partikler er tilladte og udelukker ikke hinanden. Det er derfor, at EPR-partikelparret selv kan være i en tilstand, hvor to sådanne værdier begge er velbestemte. De opnåede resultater sender hun til Bob, som uden at måle på sin partikel ganske simpelt udsætter den for passende kræfter, så den forskydes i sted og hastighed, og efter disse operationer er hans partikel, på magisk vis, i netop den ukendte kvantemekaniske tilstand, som Alices indkommende partikel ankom i.

Hvis vi betænker, at Alice skal måle og sende information til Bob, er der måske ikke nogen grund til undren – det fungerer jo nærmest på samme måde, som hvis jeg skiller en LEGO-figur ad og over en telefonforbindelse instruerer en anden person i at samle den samme figur med hans egne klodser. Men det er interessant, at man i lyset af kvantemekanikkens forbud mod at måle en tilstand overhovedet kan gøre det. Og det er også en sjov detalje ved protokollen, at der på Alices side ikke er nogen information tilbage om den indkommende partikels tilstand efter transmissionen, hvorimod min klassiske LEGO-figur jo kan samles igen – hvis jeg kan huske hvordan.

Teleportation kan være en praktisk måde at overføre kvantetilstande mellem forskellige steder ved hjælp af EPR-par, som man kan præparere i forvejen, og som man måske er nødt til at lave i flere forsøg, før det lykkes, mens man meget nødig vil risikere at tabe den kvantetilstand, der skal sendes.

Kvantecomputere – teori

Vi lever i en tid med personlige computere, hvis formidable regnekraft og hukommelse fordobles næsten årligt. En moderne pc foretager milliarder af elementære operationer hvert sekund, og prisen i elektronikforretningerne for denne formåen styrtdykker. Alle disse resultater skyldes datalogisk og fysisk forskning og naturligvis det blomstrende marked, der har stimuleret en voldsom udvikling af teknologierne. Den stadige stigning i den teknologiske formåen har fulgt det samme mønster i flere årtier, og det er værd at se på, hvor længe vi kan regne med, det bliver ved, og om der er gevinster at hente ved at skifte strategi for opbygningen af computere.

Kvantemekanikken har to vigtige bidrag til disse diskussioner.

For det første er den markante stigning i formåen direkte forbundet med dygtige ingeniørers evne til at formindske komponenter i computere, så der på den samme plads kan ophobes mere og mere hukommelse. Denne udvikling kan ikke fortsætte i det uendelige. Inden for det næste årti vil vi med en fortsat reduktion af komponenterne nå til det punkt, hvor en enkelt transistor er på størrelse med et enkelt atom – så kan det simpelthen ikke blive mindre! Foruden de tekniske problemer med at nå dertil er det sandsynligt, at vi allerede før, vi når til det atomare niveau, vil støde på kvanteeffekter og måske begynde at se fejl, der skyldes kvantemekanikkens sandsynligheder ved håndteringen og udlæsningen af computerens resultater.

For det andet kan kvantemekanikken også vise sig at føre til revolutionerende forbedringer af computeren. Det vil være tilfældet, hvis vi kan lære at kontrollere de kvantemekaniske tilstande i samme grad, som vi i de konventionelle computere kan styre klassiske strømme og spændinger. Ideen er, kort fortalt, at kvantemekaniske tilstande, hvor elektroner eller atomer ikke tildeles bestemte positioner i rummet, kan kode og regne på flere tal samtidigt. Lad os illustrere ideen med en simpel kugleramme med en enkelt kugle, som kan være enten til venstre eller til højre, svarende til at kuglerammen "husker" tallene 0 og 1. I den kvantemekaniske udgave af sådan en kugleramme kan kuglen være beskrevet ved en bølgefunktion, der tillægger den sandsynlighed for både at være til venstre og til højre. Den mulighed beskrives matematisk ved at tillægge de to klassiske yderpositioner komplekse talværdier a og b, med $|a|^2 + |b|^2 = 1$ og er illustreret i kuglerammefiguren ved lidt diffuse kugler i begge sider. Sådan vil kuglerammen ikke se ud for en iagttager, som ifølge Borns fortolkning i stedet vil se kuglen enten til venstre eller til højre med de pågældende sandsynligheder.

Kvantecomputeren udnytter, at tilstandene, så længe man ikke kigger, er både det ene og det andet. Tager man ikke bare en, men et stort antal kvantekuglerammer, kan man skrive alle mulige store tal i to-talssystemet med de såkaldte bitværdier 0 og 1. Fordi der er tale om kvantesystemer, kan systemet rumme alle tal, som kan skrives med det pågældende antal cifre, men på en gang! Næste skridt er at udføre regneoperationer. Ideen er at gøre det samme som i den klassiske computer, hvor alle regninger er splittet op i kombinatio-

ILLUSTRATION 34. KVANTEKUGLERAMME

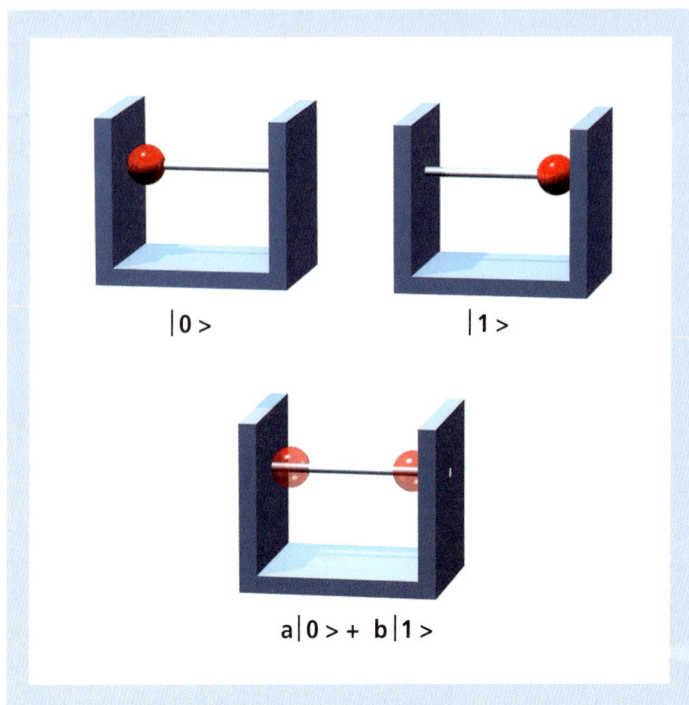

$|0>$

$|1>$

$a|0> + b|1>$

ner af operationer på de enkelte bits, hvor man skifter mellem de to mulige værdier 0 og 1, og på par af bits, hvor man for eksempel kan skifte værdien på den ene bit, hvis og kun hvis den anden bit antager værdien 1. Denne opdeling af regneproblemet i små operationer minder en del om, hvordan vi lærer at regne i hånden, og for eksempel kan lægge og gange meget store tal sammen, fordi vi kun benytter os af meget få og simple regnestykker og gør det ciffer for ciffer. Hvis jeg kan udføre de elementære regneoperationer korrekt på de klassiske tilstande 0 og 1 på et fysisk system, og jeg anvender de samme fysiske vekselvirkninger på en kvantetilstand, som er både 0 og 1, vil jeg efterfølgende få en tilstand, som både er resultatet af operationen på 0 og på 1: Jeg har med andre ord "regnet på flere tal på samme tid". Hvis jeg kan lave tilstande med mange bits, hvor hver eneste bit er både 0 og 1, og hvis jeg kan udføre de mange en- og to-bit-operationer, der tilsammen udgør en større udregning, kan jeg altså udføre udregningen på alle tal på samme tid.

I både Danmark og udlandet findes der computercentre, der har flere tusinde parallelt forbundne computere, og som derfor kan løse regnestykker for flere tusinde tilfælde på samme tid – det samme kan kvantecomputeren gøre, men den behøver kun en enkelt fysisk processor med en enkelt kvantehukommelse, hvor de mange tal står samtidig. Og selv en lille og langsom kvantecomputer vil nemt kunne udkonkurrere meget store og meget hurtige klassiske computere. Lad os illustrere dette med et eksempel: Antag, at vi ønsker at foretage en beregning på alle tal, der kan skrives med 1000 bits, dvs. med 1000 cifre i to-talssystemet. Da man på hvert ciffer har to muligheder, er der i alt $2 \cdot 2 \cdot 2 \cdot 2 \ldots 2$ (1000 gange) muligheder, et antal muligheder som i vores sædvanlige 10-talssystem skal skrives med flere hundrede cifre, og som faktisk langt overgår antallet af atomer i universet. De hurtigste computere på markedet laver milliarder af operationer i sekundet, og der er cirka 30 millioner sekunder på et år. Antager vi nu, at en milliard af sådanne computere får lov til at regne i 10 milliarder år, ville deres totale antal regneoperationer stadig "kun" kunne skrives som et tal med 34 eller 35 cifre. De ville end ikke være kommet i gang med det egentlige problem!

En kvantecomputer med en arbejdshukommelse på 1000 bits (det er cirka en million gange mindre end arbejdshukommelsen i en moderne bærbar pc) kan angribe alle tal på samme tid, og selv hvis den kun skulle kunne udføre 1000 operationer eller endda færre per sekund (altså være en million gange langsommere end en moderne pc), tager det ikke længere tid for den at udføre beregningen på alle tal, end det gør på et enkelt tal, og afhængigt af beregningens sværhedsgrad vil den kunne være færdig meget hurtigt.

Helt så let, som eksemplet antyder, er det dog ikke at regne på en kvantecomputer, da man skal tage hensyn til, at resultatet skal udlæses til sidst, og på det tidspunkt er tilstanden jo stadig kvantemekanisk. Man er her offer for Borns fortolkning, der tillader alle mulige forskellige svar med forskellige sandsynligheder, men ikke alle svar samtidig. Man kan heller ikke bare udlæse flere resultater efter hinanden, da resultatet af den første måling ændrer på tilstan-

ILLUSTRATION 35. KVANTECOMPUTING

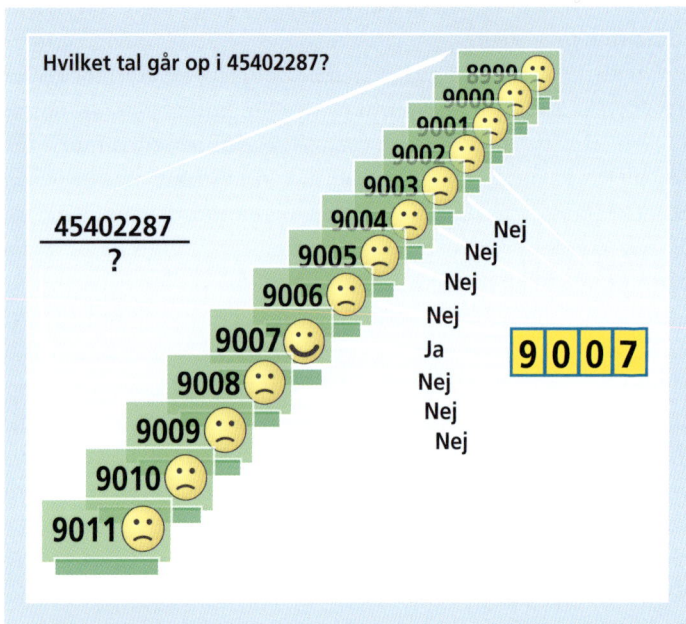

Hvilket tal går op i 45402287?

45402287 / ?

Tal	Svar
8999	
9000	
9001	
9002	
9003	
9004	Nej
9005	Nej
9006	Nej
9007	Nej
9007	Ja
9008	Nej
9009	Nej
9010	Nej
9011	

9007

Mange-verden-fortolkningen giver et billede på kvantecomputerens virke-
måde, idet man kan forestille sig mange parallelle udregninger foretaget
i de mange verdener. For ikke at ende med et tilsvarende antal verdener
med forskellige svar på regnestykket skal processoren dog sikre, at de
mange parallelle udregninger tilsammen bidrager til et endeligt entydigt
svar, som eksperimentatoren i alle verdener enten ser med sikkerhed eller
med stor sandsynlighed.

den, således at efterfølgende målinger/udlæsninger af computeren
ikke foretages på den samme tilstand. Samme problem havde af-
lytteren, Eva, i kvantekrypteringsprotokollen. Feynman, som vi
omtalte i et tidligere kapitel, foreslog ideen om kvantecomputing i
1970'erne, men han indså også udlæsningsproblemets betydning, og
hans idé om kvantecomputeren blev mest anset for at være en sjov,
men nytteløs konsekvens af kvanteteorien, indtil den amerikanske
matematiker Peter Shor i 1994 viste, at en kvantecomputer ville
kunne løse et bestemt matematisk problem effektivt.

Shors algoritme kan løse et problem, der har optaget matematikere i århundreder, og et problem, hvis sværhedsgrad er forudsætningen for sikkerheden ved brug af en række klassiske krypteringssystemer på internettet. Det er let at gange tal sammen og for eksempel regne ud, at 3·5 = 15, og det er også nemt at faktorisere 21, dvs. skrive det som et produkt, 21 = 3·7. Ser vi på lidt større tal, bliver det hurtigt meget sværere at finde faktorerne, end det er at gange tal sammen. Hvad er for eksempel faktorerne i 1961, i 11.537 og i 3.929.041? Selv med brug af lommeregner eller computer er det meget mere tidskrævende at faktorisere et tal end at gange to tal sammen, da man groft sagt er nødt til at prøve sig frem mellem alle mulige faktorer, og det bliver til et større og større antal regnestykker, jo større tallene er, som vi arbejder med. Shor viste, at kvantecomputeren kan benyttes til at løse dette problem, og det er en del af fidusen, at kvantecomputeren netop tillader samtidig regning på mange tal, men at den i dette specielle problem ikke afkræves en udlæsning af mange resultater: Vi skal efter kørslen af kvanteberegningen kun udlæse et enkelt tal, der går op i det givne store tal. Shors program er elegant, men ikke simpelt. Det viser sig, at der skal benyttes N^3-regneoperationer for at finde en faktor i et tal med et givet antal cifre, som vi kan betegne med bogstavet N, og man finder endda kun en rigtig faktor med en vis sandsynlighed. Da man med et simpelt gangestykke kan tjekke resultatet og prøve igen, er det for store tal stadig meget mere effektivt end den bedst kendte klassiske metode.

En anden forsker, Lov Grover, foreslog i 1997 en metode til at søge efter tal, der opfylder en bestemt egenskab, som kan være anført i en tabel eller udtrykt ved en matematisk ligning, der ikke umiddelbart lader sig løse. I stedet for at prøve sig frem og bruge lige så mange forsøg, som man har kandidater til en løsning, tillader Grovers algoritme, at man finder en løsning efter blot kvadratroden af dette antal forsøg, altså for eksempel tusind (1000) forsøg til at finde en løsning blandt en million (1.000.000) muligheder, eller hundrede tusind (100.000) forsøg til at finde en blandt 10 milliarder (10.000.000.000). Det interessante ved både Shors og Grovers algoritmer er deres særlige skalering: Sværhedsgraden vokser langsommere, når talstørrelserne vokser, end i den klassiske computer. Kvantealgoritmerne siges at *skalere* helt anderledes end de klassiske algoritmer, og derfor vil de for tilstrækkeligt store problemer være mere effektive, også selvom kvantecomputeren måske udfører sine enkelte regneoperationer langsommere end den klassiske pc.

Kvantecomputere – praksis

Den eksperimentelle forskning i kvantecomputere er meget spændende, og der arbejdes med forskellige strategier, fordi ingen i øjeblikket kan overskue, hvilken teknik man kan komme længst med. Da kvantetilstande ødelægges ved vekselvirkning med deres omgivelser, er det afgørende, at man er i stand til at isolere sine systemer godt, mens regningerne foregår. Til det formål er enkelte atomer nyttige, da man med lasere kan fange dem og holde dem i vakuumkamre, så de ikke kommer i berøring med andet apparatur. De karakteristiske lysspektre, som blev observeret i det 19. århundrede, førte ved starten af det 20. århundrede til Bohrs erkendelse af de bestemte tilladte tilstande for elektronen i atomer. Det er disse tilstande, men i den fulde kvantemekaniske formulering af atomfysikken, der kan benyttes til at kode de enkelte bit-værdier, således at hvert atom repræsenterer en bit, som er 0, hvis atomet er i en tilstand, og 1, hvis det er i en anden. Enkelt-bit-operationer kan udføres ved at lyse på et bestemt atom med en elektromagnetisk stråling, der netop har den frekvens og varighed, der får atomet til at skifte tilstand mellem 0- og 1-tilstandene.

Operationer mellem to bits kræver en form for vekselvirkning, og i et skelsættende forslag fra 1995 foreslog spanieren Ignacio Cirac og østrigeren Peter Zoller, at man kunne benytte atomare ioner, dvs. atomer, der mangler en enkelt elektron, og derfor er elektrisk ladede. Ioner frastøder hinanden indbyrdes, men de kan fanges som perler på en snor i en fælde ved hjælp af elektroder. Når man lyser på en ion og derved puffer til den med laserstrålen, forplanter den enkelte ions bevægelse sig til de andre ioner i perlekæden. Dette sker på en måde, der afhænger af den første ions indre dynamik, da lysabsorptionen jo kun finder sted, hvis ionen er i den rette starttilstand. Er den i både 0- og 1-tilstanden, får man derfor operationer, hvor man både skifter og ikke skifter tilstand i den og derfor både sætter den i bevægelse og ikke i bevægelse. Nu både forplanter der sig og forplanter der sig ikke en bevægelse til de andre ioner, og eksperimentatoren kan udføre en proces på en anden

ILLUSTRATION 36. ATOMARE IONER I EN FÆLDE FRA
IONFÆLDE-LABORATORIET VED AARHUS UNIVERSITET

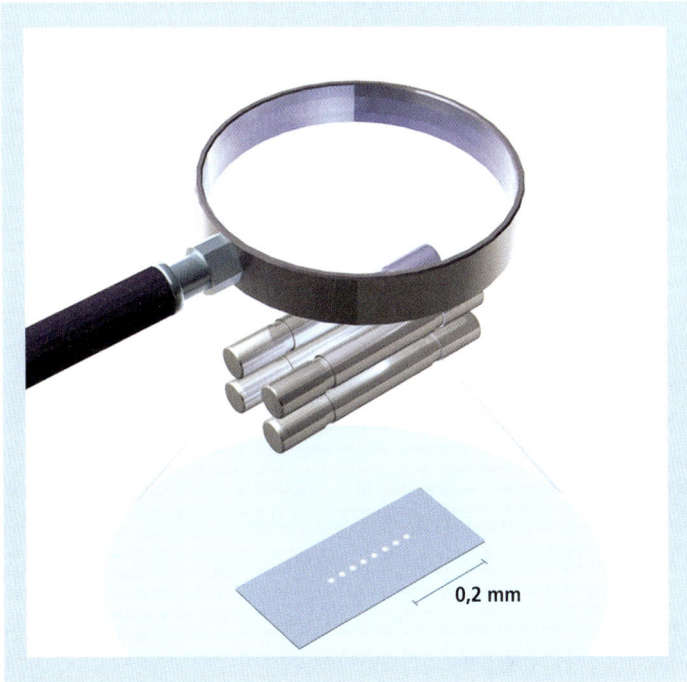

0,2 mm

Skematisk opstilling til indfangning af atomare ioner mellem elektroder.
Det indsatte billede fra ionfælde-laboratoriet ved Aarhus Universitet viser
optagelse med digitalkamera af lyset fra en perlerække af ioner.

ion i strengen, der afhænger af, om den er i bevægelse eller ej. Det
vil sige, at denne anden ions dynamik bliver betinget af den første
ions tilstand, netop som vi ønsker det for en to-bit-udregning, og
den fungerer også, selvom den første ion er både i 0- og 1-tilstanden
på samme tid. Læs bare den historie en gang til – jeg venter her.

Cirac og Zollers forslag studeres eksperimentelt i flere labora-
torier, og det var en øjenåbner for, hvad man kan gøre med lasere
og mikroskopiske kvantesystemer, så der siden er opstået et stort
antal forslag til konstruktion af kvantecomputere i mange forskellige
fysiske og kemiske systemer under brug af vidt forskellige veksel-
virkninger.

Neutrale atomer vekselvirker kun svagt, men hvis deres elektroner løftes op i meget højtliggende baner, kan de også "mærke" hinanden over store afstande, og derfor kan de benyttes til kvantecomputing. Forslag til kvantecomputing i faste stoffer kæmper med den høje stoftæthed i værtsmaterialet, men visse fremmedelementer i meget rene krystaller opfører sig næsten som atomer i vakuum og er derfor også lovende kandidater til materiale i en kvantecomputer på længere sigt.

Endelig kan man håbe på "tilfældigt" at finde en kvantecomputer, og en sådan har man i visse store molekyler, hvor atomerne indbyrdes vekselvirker med hinanden som små magneter. På hospitalerne benyttes radiobølger til at påvirke magnetiske atomkerner i kroppen og få dem til at svinge, hvorefter deres udsendte radiosignal kan stedfæstes og derved viser et tredimensionelt billede af kroppens indre. Svingningerne skal sættes i gang med stråling af den rette frekvens, og på grund af de indbyrdes vekselvirkninger afhænger denne frekvens af, om naboatomers små magneter peger hen imod eller væk fra et givet atom. I molekyler med flere atomer i en bestemt rumlig konfiguration kan orienteringen af de enkelte magneter derfor bruges til at kode bits. De kan vendes med strålingen, og deres orientering, som på kvantemekanisk vis kan være i flere retninger på samme tid, kan være styrende for deres naboers bevægelse. Det er præcis de ingredienser, der skal til for at kunne udføre kvanteberegninger, og det lykkedes i 2002 at køre Shors algoritme på en molekylær substans og beregne, at 3 og 5 er faktorer i tallet 15. Man kan ikke finde molekyler, der tillader samme præcise kontrol på meget større matematiske problemer, men en række tricks fra det omtalte forsøg er med succes ved at udbrede sig til de øvrige omtalte metoder med ioner, atomer og faste stoffer.

Både Shors og Grovers algoritmer er interessante og har mange anvendelser. Da faktorisering af store tal er tilstrækkeligt til at knække gængse krypteringsteknologier, er der både kriminelle og efterretningsmæssige interesser på spil, og især de amerikanske efterretningstjenester og militæragenturer, som bruger enorme resurser på at aflytte kommunikation, men også EU og en række nationale forskningsråd, har iværksat store forskningsprogrammer med henblik på at bygge kvantecomputere. Måske findes der allerede i dag kvantecomputere i militære forskningslaboratorier – men det kan vi kun gætte på. Hvis interessen fra investorerne kan fastholdes, er der al mulig grund til optimisme med hensyn til udviklingen af funktionsdygtige kvantecomputere.

Det er i øvrigt værd at omtale endnu en mulig anvendelse af kvantecomputeren, påpeget af Feynman allerede i 1970'erne. Den samtidige håndtering af et meget stort antal sandsynlige tilstande er uomgængelig i kvanteteorien og gør, at det er overordentlig svært at løse teoretiske kvantemekaniske fysikproblemer med mange partikler. Selv primitive kvantecomputere med begrænsede muligheder for at styre vekselvirkningerne mellem de enkelte bits har derfor potentiale som "kvante-simulatorer", dvs. som kvantesystemer, der kan "lade som om", de er rigtige fysiksystemer. Man kan således forestille sig, at den rigtige og meget komplicerede teori for elektroner i visse faste stoffer eller for kvarker og gluonfelter i kernestoffet kan simuleres med et helt andet fysisk system, men med ekstra "håndtag", så man for eksempel kan slukke og tænde for nogle af de indbyrdes kræfter i laboratorieeksperimentet og undersøge deres betydning i det rigtige fysiske problem, hvor de måske ikke så let kan varieres.

Her taler vi grundforskning, og mulighederne i denne forskning er, desværre, underlagt en helt anden økonomi end den teknologiske og især den militærstrategiske forskning.

AFRUNDING

I naturvidenskaben er "rigtige" teorier dem, der giver en god beskrivelse af de fænomener, vi observerer. Kvantemekanikken opstod som fysisk teori, fordi den klassiske mekanik ophørte med at være "rigtig", da den ikke kunne redegøre tilstrækkeligt for en række eksperimentelle iagttagelser. Det viste sig, at en revolutionerende og ganske mærkelig, men trods alt relativt simpel matematisk teori kunne løfte den opgave. Til trods for at den i sit udgangspunkt rettede sig mod bestemte problemer, førte den samme teori til en række forudsigelser, man siden kunne bekræfte i nye eksperimentelle undersøgelser, og den lod sig generalisere og udvide til på naturlig vis at beskrive stort set al den fysik og kemi, vi kan iagttage i laboratorier og i verden omkring os.

Gentagne succesrige anvendelser af en teoretisk konstruktion står naturligvis ikke i vejen for kritiske undersøgelser – og blot et eneste fysikforsøg, der giver resultater i modstrid med kvantemekanikkens forudsigelser, vil vælte teorien og starte en ny revolution af fysikken af samme karakter som den, der skete for hundrede år siden.

Hverken kvanteteoriens udformning for elementarpartiklernes verden eller en forenet teori for tyngdekraften og de kendte elektriske, svage og stærke kernekræfter er endeligt afklaret. Selvom de foreløbige teorier ser "kvantefysiske ud", kan det ikke udelukkes, at der fra denne forskning vil opstå behov for at bryde fundamentalt med kvanteteorien og skabe en helt ny teori.

Kvanteinformationsforskningen har foruden sine ambitioner for fremtidige teknologier rejst spørgsmål til kvanteteorien af en ny "ufysisk" karakter og for eksempel gjort spørgsmålet om et fysisk systems informationsindhold til et nyt forskningsemne i fysikken. Hvorvidt denne forskning vil føre til en afklaring af fortolkningsdiskussionerne er svært at sige. Sikkert er det, at kvantemekanikken har tvunget os til at drage vidtgående konklusioner vedrørende vores beskrivelse af virkeligheden og vores opfattelse af, hvad begrebet fysisk virkelighed overhovedet betyder.

Måske havde Bohr ret, da han engang sagde om kvantemekanik-ken, at "skulle vi en dag vågne op og indse, at det hele blot havde været en drøm, da havde vi alligevel lært noget".

YDERLIGERE LÆSNING

Tor Nørretranders:
Det udelelige.
Gyldendal. 1985.

Abraham Pais:
Niels Bohr og hans tid.
Spektrum. 1996.

Olaf Pedersen og Helge Kragh:
Fra kaos til kosmos. Verdensbilledets historie gennem 3000 år.
Gyldendal. 2000.

Steen Hannestad:
Universet – fra superstrenge til stjerner.
Aarhus Universitetsforlag. 2004.

Ulrik Uggerhøj:
Tid – den relative virkelighed.
Aarhus Universitetsforlag. 2006.

David Favrholdt:
Erkendelse – grundlag og gyldighed.
Aarhus Universitetsforlag. 2008.

Aspects forsøg – 81, 147, 156. Eksperiment udført af Alain Aspect. Det viste, at statistiske korrelationer mellem målinger på par af fotoner bryder Bells ulighed.

Bells ulighed – 87, 147, 156. Matematisk relation, der skal gælde mellem måleresultater, hvis deres værdier er fastlagte, før de måles.

Bohm, David J. (1917-1992) – 90, 147. Amerikansk fysiker, opdager af topologiske kvanteeffekter på kvantesystemer, der bevæger sig rundt om, men ikke er i direkte berøring med elektriske og magnetiske felter; foreslog Bohmbaner og den "indfoldede orden" som alternativ til Københavnerfortolkningen af kvantemekanikken og omformulerede EPR-paradokset til spinsystemer.

Bohr, Niels Henrik David (1885-1962) – 12, 35, 72, 77, 85, 115, 117, 143. Dansk fysiker, modtager af Nobelprisen i 1922 for udviklingen af sin model for atomets opbygning. Åndelig fader til "Københavnerfortolkningen" af kvantemekanikken gennem sin præcisering af teoriens konsekvenser, især gennem diskussioner med Einstein. Væsentlig bidragyder til kernefysikken.

Bohr, Aage Niels (1922-2009) – 117. Dansk fysiker, søn af Niels Bohr, modtager af Nobelprisen i 1975 sammen med Mottelson og Rainwater for deres beskrivelse af atomkernen.

Born, Max (1882-1970) – 12, 47, 55. Tysk fysiker, ophavsmand til sandsynlighedsfortolkningen af Schrödingers bølgefunktion, hvorfor han fik Nobelprisen i fysik i 1954.

Epistemologi – 104. Erkendelseslære, læren om grundlaget for viden. Betegnelsen epistemologisk benyttes i diskussionen om kvantemekanikkens fortolkning som modsætning til den ontologiske opfattelse, at virkeligheden selv og erkendelsen af virkeligheden kan adskilles.

EPR-paradoks – 81, 91, 147. Tankeeksperiment opkaldt efter sine opfindere, Einstein, Podolsky og Rosen, hvori to partikler har forbundne steder og hastigheder, således at målinger på den ene partikel fastlægger den anden partikels værdier. EPR-paradokset synes at tillade samtidig måling af en partikels sted og impuls og foreslår, at der må være en teoretisk udvidelse af kvantemekanikken, der kan redegøre teoretisk for et sådant forsøg.

Favrholdt, David (1933-) – 74, 104. Dansk filosof, har skrevet omfattende om Niels Bohrs arbejde og dets epistemologiske betydning.

Feynman, Richard (1918-1988) – 131, 162, 167. Amerikansk fysiker, opfandt vej-integralet og Feynman-diagrammer, modtog Nobelprisen i 1965 med Schwinger og Tomonaga for kvanteelektrodynamikken; kom i 1970'erne med visionære forslag om kvantecomputing og nanoteknologi.

Fotoelektrisk effekt – 33. Det fysiske fænomen, at lys kan løsrive elektroner og trække strøm fra et materiale. Den fotoelektriske effekts afhængighed af lysets frekvens var et afgørende argument for Plancks kvantisering af lys.

Foton – 35, 106, 154. En lyspartikel eller et kvantum af den elektromagnetiske stråling.

h – 32. Plancks naturkonstant med værdien h = $6,63 \cdot 10^{-34}$ J·s. Plancks konstant angiver proportionalitetskoefficienten mellem et lyskvants energi og lysets frekvens. I praktiske formler benyttes ofte i stedet

ħ (h-streg) – 52. Plancks konstant h delt med 2π, ħ = h/2π.

Hau, Lene Vestergaard (1959-) – 145. Dansk fysiker, kendt for at stoppe lyset (og starte det igen) i atomare gasser i en række forsøg fra 2001.

Heisenberg, Werner (1901-1976) – 12, 46, 59, 65, 85. Tysk fysiker, udviklede i 1925 matrixmekanikken og i 1927 Heisenbergs usikkerhedsrelation, for hvilket han modtog Nobelprisen i fysik i 1932.

Hilbert, David (1862-1943) – 60, 129. Tysk matematiker. Den såkaldte Hilbertrumsteori er den eksakte matematiske ramme for Schrödingers bølgefunktion, hvori dens sammenhæng til Heisenbergs matrixmekanik træder klart frem.

Impuls – 40, 47. I den klassiske mekanik produktet af en partikels masse og hastighed.

Komplementaritet – 77. Begreb introduceret i fysikken af Niels Bohr til at forklare, hvordan kendskab til visse fysiske størrelser udelukker selve muligheden for at have kendskab til andre egenskaber. En partikels sted og impuls er komplementære størrelser. Bølge- og partikelegenskaber er komplementære, men begge er nødvendige for at give en udtømmende beskrivelse af et eksperiment.

Kvantecomputer – 8, 159. Forslag om teknologisk udnyttelse af kvantemekaniske systemers evne til at "være flere steder på en gang" til at regne på flere tal på samme tid. Aktivt teoretisk og aktuelt forskningsemne siden Shors (1994) og Grovers (1997) forslag til konkrete algoritmer til faktorisering og databasesøgning.

Kvantekryptering – 154. Metode, som gør brug af kvantemekaniske målingers uforudsigelighed og effekten af målinger på kvantesystemers efterfølgende tilstand til at oprette en delt 100 % hemmelig streng af bits mellem to personer ved kommunikation på linjer, der aflyttes.

Kvantespring – 38, 41, 100. Niels Bohr foreslog i 1913, at elektroner må bevæge sig i baner omkring atomkernen, og at de må springe mellem disse baner under udsendelse af lys.

Kvark (quark) – 140. Kunstigt ord i James Joyces roman *Finnegans Wake*. Fysikeren Murray Gell-Mann lod sig inspirere af Joyce-citatet "Three quarks for muster mark" til at foreslå navnet quark om de elementære partikler, der tre og tre danner for eksempel neutronen og protonen.

Københavnerfortolkningen – 85. Fortolkning af kvantemekanikken med udgangspunkt i Niels Bohrs argumenter i diskussionerne med Albert Einstein. Københavnerfortolkningen ophæver måleproblemets paradokser ved i grove træk at postulere, at teorien – og især Schrödingers bølgefunktion – giver en repræsentation af vores viden, dvs. vores evne til at forudsige resultater af målinger, snarere end en repræsentation af et fysisk systems virkelige tilstand.

Mange-verden-fortolkningen – 94, 162. Fortolkning af kvantemekanikken foreslået af Hugh Everett, som opfatter bølgefunktioner som virkelige fysiske objekter, der derfor også omfatter måleapparaterne og observatørerne. Mange-verden-fortolkningen ophæver måleproblemets paradokser ved at påstå, at mikroskopiske systemers evne til at være flere steder på en gang gør, at vi måler flere forskellige resultater, men i forskellige parallelle og uforbundne verdener.

Matrixmekanikken – 46. Heisenbergs første formulering af kvantemekanikken i 1925. Navngivet efter det matematiske matrixbegreb, som betegner tabeller med tal, og som erstatter den klassiske fysiks simple talværdier for fysiske størrelser.

Maxwell, James Clerk (1831-1879) – 24, 31, 107. Britisk fysiker, samlede den klassiske elektrodynamik i de såkaldte Maxwells ligninger, som forener al viden om elektriske og magnetiske felter og danner teorien for udbredelse af lys.

Neutron – 113, 130. Neutralt ladet elementarpartikel med en masse på $1{,}67 \cdot 10^{-27}$ kg, som sammen med den ladede proton udgør bestanddelene i atomkernerne.

Newton, Isaac (1643-1727) – 17. Britisk fysiker, udviklede den klassiske mekanik med Newtons love, tyngdeloven, differentialregningen i matematikken og væsentlig forskning i optik.

Noether, Emmy (1882-1935) – 128. Tysk matematiker, ophavskvinde til "den matematiske sætning med den største betydning for udviklingen af den moderne fysik", som udpeger den direkte sammenhæng mellem symmetrier og bevarede størrelser i fysiske systemer.

Ontologi – 104. Læren om det værendes virkelige væsen (uafhængigt af vores erkendelse), se også epistemologi.

Pauli, Wolfgang (1900-1958) – 12, 109, 130. Østrigsk fysiker, fik Nobelprisen i fysik i 1945 for sit udelukkelsesprincip, som forklarer atomets opbygning ved, at alle elektronerne skal være i forskellige tilstande.

Planck, Max Karl Ernst Ludwig (1858-1947) – 12, 32, 106. Tysk fysiker, indførte kvanteteorien for udvekslingen af energi mellem lys og stof år 1900, et brud med Maxwells teori for stråling og startskuddet på den udvikling, der førte frem til kvantemekanikken. Planck fik Nobelprisen i fysik i 1918.

Positron – 126, 135. Elektronens antipartikel med den samme masse, men modsatte ladning. Positronen er en konsekvens af Diracs relativistiske bølgeligning og ses og benyttes eksperimentelt i mange sammenhænge.

Proton – 113, 130. Positivt elektrisk ladet elementarpartikel med en masse på $1,67 \cdot 10^{-27}$ kg, som sammen med de elektrisk neutrale neutroner udgør stoffet i atomkerner. Brintatomets kerne er en enkelt proton (eller en proton og en eller to neutroner i såkaldt tungt brint).

Rutherford, Ernest (1871-1937) – 35, 113. New zealandsk fysiker, navngav den radioaktive alfa- og beta-stråling og fik Nobelprisen i 1908 for sit arbejde med radioaktivitet, identificerede atomets kerne ved spredning af alfa-partikler på et guldfolie og bidrog til forståelsen af atomkernens sammensætning.

Schrödinger, Erwin Rudolf Joseph Alexander (1887-1961) – 12, 51, 81, 83, 110. Østrigsk fysiker, opstillede i 1926 Schrödingers ligning, som er kvantemekanikkens grundligning, og beviste dens ækvivalens med Heisenbergs matrixmekanik. Schrödinger fik Nobelprisen i fysik i 1933 og erklærede senere sin offentlige fortrydelse over at have haft med kvanteteorien at gøre, hvis "kvantespringeriet" virkelig skulle være en del af teorien. Schrödinger fremsatte i 1935 det såkaldte Schrödingers katte-paradoks for at illustrere teoriens "beklagelige tilstand".

Spektrum – 26, 62, 139. Oprindeligt fordelingen af farver i lys, men i kvantemekanikken benyttet mere bredt til at betegne de mulige værdier, som en fysisk størrelse kan antage ved målinger. Energispektret for en bundet partikel er diskret, dvs. med bestemte adskilte værdier, mens sted og impuls for en partikel er beskrevet ved kontinuerte spektre.

Spin – 63, 123. Egenskab ved mikroskopiske partikler, der optræder, som om de roterer ("spinner") om sig selv. Elektronens spin vekselvirker med magnetiske felter og giver anledning til strukturer i energiniveauerne i atomer.

Symmetri – 127. Kvantemekanikken afspejler de symmetrier, der er i naturen, for eksempel geometriske spejlings- og rotationssymmetrier, men også symmetri under ombytning af identiske partikler. Symmetrier har afgørende konsekvenser for fysikkens fremtoning.

Usikkerhedsrelation – 65, 68, 108, 115, 148. Formel udledt af Heisenberg i 1927. Den viser, at målinger af en partikels sted og impuls i en vilkårlig tilstand giver uforudsigelige resultater svarende til en bestemt mindste værdi af (produktet af) de typiske variationer af de to størrelser.

Wheeler, John Archibald (1911-2008) – 83, 93, 116. Amerikansk fysiker. Wheeler arbejdede sammen med Niels Bohr om udviklingen af kernefysikken. "Wheeler's smoky dragon" er en humoristisk omgåelse af Niels Bohrs "forbud" mod at indtegne en partikels bane i en opstilling, hvor en kvantepartikel fra en given kilde detekteres et bestemt sted.

Wigner, E.P. (1902-1995) – 83, 107, 127. Ungarsk fysiker, fik Nobelprisen i 1965 for sit arbejde med symmetrier. "Wigners imaginære ven" er en tilføjelse til Schrödingers katte-paradoks til belysning af, om en bevidst observatør er nødvendig, for at en måling har fundet sted i kvantemekanikken.

COPYRIGHT

s. 7:   Piet Hein © gruk: OM AT VANDRE. Gengivet med
        tilladelse fra Piet Hein a/s, Middelfart

s. 12: Deltagerne ved Solvay-konferencen 1927. © Niels Bohr
        Archive

s. 55: Elektronens bølgefunktion i brintatomet. Reprinted
        figures with permission from H. E. White, Phys. Rev.
        37, 1416 (1931). © 1931 by the American Physical
        Society.

s. 76: Dobbeltspalte-eksperimentet. © Niels Bohr Archive

s. 76: Dobbeltspalte-eksperimentet. © Niels Bohr Archive

s. 103: Niels Bohrs våbenskjold. © Det Nationalhistoriske
        Museum. Frederiksborg Slot

s. 117: Atombomben over Nagasaki. © Scanpix

s. 127: Hjernescanning med positroner. © Marcus Raichle